设计实录

北京市建筑设计研究院有限公司　叶依谦　著

谨以此书

献给我执业的北京市建筑设计研究院有限公司的前辈、师长及同事们

叶依谦，1996 年毕业于天津大学建筑系，工学硕士学位；教授级高级建筑师，国家一级注册建筑师；北京市建筑设计研究院有限公司执行总建筑师，叶依谦工作室主持建筑师；中国建筑学会理事、资深会员，建筑师分会秘书长；中国工程咨询协会常务理事，建筑与城乡规划专业委员会主任委员。

叶依谦曾获得 2005 年中国建筑学会青年建筑师奖、第二届全球华人优秀青年建筑师奖、中国建筑学会建筑创作奖金奖、国家优秀勘察设计银奖，以及其他多个行业优、部优奖项。代表作品有：孟中友好会议中心、国际投资大厦、北京航空航天大学新主楼、国电新能源研究院、中华人民共和国生态环境部办公楼等。

序 · 立足“大院”担栋梁

徐全胜

作为叶依谦的老同事和现任领导，我仔细翻阅了他拟出版的作品集样稿，为他在 20 多年职业生涯中的努力和收获感到高兴。

叶依谦和院里的大多数设计师一样，都是大学一毕业就来到了北京市建筑设计研究院有限公司（以下简称“北京建院”）。北京建院是中国最著名的国有大型建筑设计单位之一，长期以来，不但承担了大量的工程设计工作，为北京和其他城市的建设作出了重要贡献，还培养了一大批建筑行业各专业领域的人才。70 多年来，北京建院培养了几代社会责任感强、工程经验丰富、作品完成度高的建筑师，他们在设计实践中思考，并以持续的思考深化设计实践，作品呈现出不同时代的风貌。在单位的支持下，这些经验丰富的建筑师在实践之余将自己主持的设计作品结集出版，将多年的思考诉诸文字，是很有价值的。

在本书中，叶依谦对他在大学、总工办、设计所、工作室 4 个阶段的学习和工作娓娓道来，令我颇有感触。时光荏苒，35 年回首，他感恩了师长，写出了成长，而作为同行和老同事，我看到了他背后付出的艰辛和努力。从 1996 年至今他在北京建院的经历，我们可以看出他是幸运的，同时他的一步一步的成就和他本人的努力是分不开的。

说他幸运，是他曾就学于天津大学这样的建筑学名校；是他一毕业就能够进入北京建院工作；是他曾经得到过那么多名师的指导；是他正好赶上了改革开放城市化发展的好时候，有机会参与许多重要和大型的项目。从本书中他阐述的每一个阶段的体会，我们可以看出他不但投入了大量的精力于设计工作，也投入了大量的心力去思考，逐渐形成和完善了自己的设计观。在我的印象中，他是一位既有才华，又踏实勤奋的建筑师。

建筑是非常综合的产品，同时具备社会属性、文化艺术属性、经济属性和技术属性。面对科学技术的飞速发展，环境问题的挑战，生态文明、绿色发展、智慧城市等国家战略的提出，建筑设计需要全方面地响应和应对。叶依谦以多维度的思考和系统化的观念，从环境营造、绿色设计和全生命周期设计的视角进行了整合性的设计实践。在为北京建院服务的 27 年中，他由初出茅庐的青年才俊逐渐成长为值得信任、可以托付的设计骨干，完成了大量精彩的建筑作品。尤其是他近年来承担了一些非常重要的政府工程，在长安街上、天安门广场两侧不远，就有他 2 个恰当且精致的设计作品，很好地体现了首都北京应有的气质。

或许因为我的国企大型建筑设计院负责人的身份，我对叶依谦在本书中提到的“大院设计观”颇有感触。叶依谦在本书中说：“我理解的‘大院设计观’包含大院应承担的责任和由此必需的思维方式。国有大型建筑设计院，也就是我们常说的‘大院’，在中国的建筑行业及社会中承担着与其身份相应的责任，这个责任包括两个方面的内涵：一方面，城市中重要、复杂、大型的公共建筑和民生工程的设计往往出自大院；另一方面，大院的设计必须是符合国家建筑方针、经得起时间检验的设计产品。”

“大院”是当前国内建筑界特有的说法，持续产生众多的优秀建筑作品和长期会聚大量高水平的设计师团队是其特征，设计人员的职业素养、修养和从业执业能力、职业道德是其基础，完善的理论体系、技术体系、管理体系和创意创新的生态圈是其内核，高度的社会责任感和强大的企业文化是其支撑，明确的政治站位、立场和态度是其首要的设计原则。

在我看来，叶依谦所说的“大院设计观”既是他对自己在设计院工作的理解，也是一种要求、承诺和担当。从他 20 多年的工作过程和成果来看，他实践了自己的承诺，其设计的作品不突出自我表达，而是以社会责任为重。北京建院需要这样的建筑师，首都北京需要这样的建筑师，中国需要这样的建筑师。

作为实践领域的从业建筑师，叶依谦入职“大院”，目前已经是“大院”建筑师中优秀的一员。从其建成的作品及其对设计理论的探索，我们可以看到他对北京建院建筑设计的传承与创新、责任与担当。

作为建筑师，叶依谦正处于最好的年纪。他现在是北京建院的执行总建筑师，相比过去肩负了更大的责任，我对他有很大的期待，不但期待他创作更新更好的作品，为首都的城市建设继续作出突出的贡献，更期待他能够带领全院的建筑师一起担当好“大院责任”。

北京市建筑设计研究院有限公司党委书记、董事长
2023 年 3 月

序 · 江山代有人才出

马国馨

与共和国同龄的北京建院在 70 多年的筚路蓝缕、砥砺前行中，为我国的建筑事业，为服务首都和服务社会作出了重要的贡献。在这个过程中，优秀设计作品不断涌现，作品也由北京至全国再至国外。北京建院的设计队伍也由初创时的 400 人发展到现在的 3 800 人，尤其是学术和设计上的领军人物，也由公司早期的“八大总”发展到现在的人才辈出、群星灿烂。最近北京建院叶依谦执行总建筑师准备将他 20 多年来的设计历程做一个小结出版成书，从这里，我们又看到了一颗正在升起的新星。

在 21 世纪初，有 2 本介绍国内青年建筑师的书籍《创作者自画像》（2005 年）、《中国青年建筑师 188》（2006 年）先后出版，我曾以“江山代有才人出”为题作序：“相对于中国广大的地域、市场和众多有才华的中青年建筑师来说……‘江山代有才人出’‘天工人巧日争新’，相信今后会有更多的建筑师在这个大舞台上展现自己的理念和才华，并为世界所了解。”在这 2 本按建筑师出生年月排序的书中，叶依谦还是属于排在后面的青年才俊。1971 年出生的他，1989 年起在天津大学建筑系进行本科学习和读研，1996 年到北京建院工作。在《创作者自画像》出版时，他 34 岁，已经是三所 A3-2 工作室的主管兼总建筑师，2017 年 46 岁时他成为公司的总建筑师。他先后获得第五届中国建筑学会青年建筑师奖（2004 年）、北京市青年岗位能手（2006 年）、全球华人青年建筑师奖（2009 年）、首都劳动奖章（2021 年）等一系列荣誉；还出任了中国建筑学会建筑师分会秘书长、工业建筑分会常务理事、中国工程咨询协会常务理事、建筑与城市规划专业委员会主任等社会职务，有众多的设计作品获奖并为业界所熟知，在工作不长的时间里就显露出了才华。

我对叶依谦最早的了解还是通过他的艺术家气质和美术作品。他的各种题材的画作都栩栩如生、十分精彩，后来他与何玉如、吴亭莉夫妇和文耀光一起联袂出版的诗书画印方面的合集更为业内外人们所称道。联想到叶依谦天津大学的出身，上述成就就不足为怪了。天津大学在徐中、彭一刚等前辈指引下，“目标长远，齐心协力，言传身教，深耕细作”，尤其是强调“设计基本功”和“基本理论修养”的教育观念使学子受益良多。在彭一刚先生的言传身教和严格要求下，天大建筑学院的学生手下的功夫都十分了得。叶依谦的导师邹德侬教授是我在天大最熟识的先生之一，除了我们同是山东老乡之外，更因为邹先生是一位全能型的建筑教育家，除了建筑设计，他在建筑历史、西方艺术史、建筑理论史、建筑译作方面均很有成就，著作等身。虽说学艺是“师父领进门，修行在自身”，但在邹先生亲炙之下，耳濡目染，叶依谦所受的深刻影响自不待言。这已为他进入社会以后的工作打下了良好的基础。

彭一刚先生在提起天津大学建筑系时，强调“不占天时、地利，但在人和方面却有称道之处”。叶依谦毕业后进入北京建院工作，我想这个平台正是把天时、地利、人和全都占上了。北京建院是和共和国同龄的有 70 多年历史的“老店”，在长期为党中央、为首都、为社会服务的过程中，积累了大量的技术成果和宝贵经验，有各专业的知名专家。在这样理想的环境中，多么复杂的工程即使“没有做过也看见过，没有见过也听说过”，这对提高眼界和增加见识是大有益处的。而叶依谦到院以后，一开始就能与吴观张、王昌宁、何玉如等专家合作，在他们的指导下，学习、了解他们不同的设计理念和做法，尤其是有机会参与张镈总的资料整理，能向第二代建筑师的代表人物当面请教，这是一般人想都不敢想的绝好的学习机会，对于叶依谦来说是难得的好机遇。

叶依谦后来分到设计院三所工作。三所也是值得特别提一下的单位，这是由北京建院原五室和七室合并以后的大所。七室当时是负责援外工程的设计室，在人员构成上，除了原北京建院的技术人员外，还有一部分是由原建设部设计院中到湖南、河南负责援外工程的人员，所以集中了一批学术带头人和骨干，如周治良、刘开济、朱山泉、林开武、刘逎宽、虞家锡等老专家和李铭陶、柴裴义、王海华、吴亭莉、韦佳福、单可民、柯长华、吴德绳、吴志棠、李益谦等中年专家。合室后的三所技术力量更为雄厚，在剧场建筑、展览建筑、旅馆建筑、体育建筑、会堂建筑等领域都有很大的优势。七室当时对出国图纸的要求很高，记得我刚到院时曾帮助他们画过援阿尔及利亚博览会工程的图纸，所有的外文和数字都要求用套版书写，完成的施工图纸非常考究。叶依谦就是在这样的氛围中开始了国家大剧院首轮方案和孟加拉国际会议中心的方案设计。这也是国家改革开放的大好形势和北京建院这个大舞台为年轻建筑师提供的表现自己才华的极好机会。回想我到北京建院以后，是过了 3 年才做上一个 90 平方米的小工程，又是 3 年以后才开始做总面积为 1.4 万平方米的公共建筑，与此相比，青年建筑师的机会真是不可同日而语。

国家大剧院的首轮方案在魏大中总的主持下，虽然评选取得优胜，但因领导后来要求国际投标，北京建院无功而返。孟加拉国际会议中心则成了叶依谦崭露头角的最好契机。叶依谦应该说是非常幸运的，因为他最初接触的这两个设计项目起点都很高，要求也十分严格，对他来说是一次重要的实战训练。尤其是孟加拉国际会议中心的工程，对叶依谦来说有 2 个难点：一是援外工程的整个流程和周期要比国内工程更长、更复杂，审批的关口更多，要满足当地特殊的经济、文化、气候、使用等条件，具有与国内工程截然不同的挑战；二是在这个工程中，他能够经历方案设计、施工图设计以至施工阶段的全过程，对于初入设计院从事工作的年轻建筑师来说，是非常难得的亲身体验。我自己就有体会，建外国际俱乐部工程是我参加的第一个涉外公共建筑工程，由于参加了从方案设计、初步设计、施工图设计、施工到验收的全过程，所得收获和经验是在学校书本上难以学到的，大大缩短了由一个建筑系毕业的学生转变为职业建筑师的复杂过程。这也让叶依谦进一步体会到：建筑设计创作的过程绝不只限于方案的创作，虽然这是一个从无到有的艰难的创造过程，但仅仅完成了这点并不能保证创作作品的完成度。方案创作只是创作过程的关键第一步，之后还会有多次的再创造过程，包括把创作中的三维空间转变为二维设计图纸的再创造，由图纸转变为建筑实体三维空间施工过程中的进一步创造；即使在建筑竣工之后，也还有长期使用、维护和保养过程的再创造。只有充分掌握和控制了创作全过程的所有环节，才能保证产品的质量，取得最后的成功。在这一工程中的实际体验，对于叶依谦此后的工作和创作是十分关键的。柴裴义大师等许多前辈的耳提面命，更是叶依谦成长过程中的重要助力。

也正因为有这样的经历，叶依谦能够在入职 3 年之后就主持 3.3 万平方米的怡海中学项目，负责参与总建筑面积为 16 万平方米的国际投资大厦。刚刚 32 岁的他就独立主持设计了总建筑面积为 23 万平方米的北京航空航天大学（以下简称“北航”）的新主楼。这些都为他之后成立工作室及专项发展打下了坚实的基础。本书所收录的 29 项代表设计作品中，就有 25 项是工作室成立以后设计的作品；171 个作品和方案目录中，近百个都是叶依谦主持工作室以后的成果，从中可以大致看出他和创作集体在 20 多年中的轨迹和步伐。

在经过创作团队的实践和磨合之后，叶依谦的工作室确定以科研、办公、教育等公共建筑的规划设计作为主攻目标，这也是具有极大的挑战性和设计难度的。从建筑界宏观建筑总量的角度看，办公、教育、科研类建筑是仅次于居住类建筑的类型，其建设量大、类型繁多、工艺要求不同、面积指标严格、功能使用多样、专业内容复杂。除了要求提高使用效率，满足舒适、安全、能耗、生态等多方面的需求外，这些建筑还要满足人们的生理需求，适应新技术潮流的发展，有相应的支撑体系满足灵活及发展的需求，有的还有防振、防辐射、隔声、防电磁、温湿度、纯净度等方面的要求，所以这类建筑的设计是十分艰巨的创作过程。然而，其成果看起来似乎不如超高层建筑那样有标志性，不如体育、会展建筑那样气势宏伟，也不像美术馆、博物馆、纪念建筑那样在内外空间和造型上富有变化。在当下的建筑界，由于成果的评选机制还不完善，评选方法和规则还不够科学和精准，加上人们更多地注意外表造型而轻视功能使用的倾向，所以教育、科研、办公类建筑一般较难获得较高级的奖项，作品也不那么引人注目，不容易脱颖而出。

但叶依谦他们的辛勤劳动还是能为社会所了解的。最近结合北京航空航天大学 70 年的历程，包含叶依谦在内的编委会出版了《空天报国忆家园——北航校园规划建设纪事（1952—2022 年）》一书。该书从校园的历史沿革、文化脉络、校区建设等方面回顾了学校“空天报国”的历史。北京建院从 1952 年起就参与了北航校园的规划建设。除了早期的杨锡镠总建筑师外，进入 21 世纪以后，北京建院的叶依谦、金卫钧等又继承了老一辈的薪火，继续为北航校园建设贡献自己的才智。从 2003 年参与北航新主楼的竞赛开始，叶依谦本着“面向未来，观照传统”的理念，先后承担了新主楼（2004），南区科技楼（2011），北区宿舍、食堂、5号楼、第一馆等 60 多万平方米的设计工作。在充分尊重大学东西教学轴、南北生活轴的前提下，设计团队从集约化、整体化的角度出发，和城市建立友好的关系。“大度从容而不浮躁，讲究而不粗糙；要有自我风采甚至要优美，不能陷入大而无当。”“要成为在校学子的骄傲，成为他们未来记忆中美好的一篇。”另外，他从 2016 年起参与了北航沙河新校区的规划建设，在“书院式”组团分区的校区模式上赋予校园新的活力。这本书的出版也从校方的视角对叶依谦的工作进行了归纳总结，对叶依谦给予很高的评价。

在创作实践的同时，叶依谦在设计哲学和方法论上也处于不断思考、发展和完善之中。他从最早“用心设计”的理念出发，在本书中进一步提出“对于建筑最深刻的理解体现在系统性和时间性，系统性承载着建筑的理性，而时间性承载着建筑的情感”，将设计观逐渐聚焦于系统设计、环境营造、绿色设计和全生命周期设计。这也是他自己在人文学科的哲学、历史、社会学、文学、艺术等多维度的演进、拓展和思考。

建筑设计是集成了多种要素的动态系统，现代的设计项目越来越明显地具有系统化及复杂系统的特征，同时由于新兴学科的交叉融合，综合集成创作的功能日益强化。国际上设计系统论有各种理论，但对建筑设计而言，除了系统本身的整体性、动态性、开放性、人本性、普遍性等基本特征外，还有集优性，即综合各种想法的优点的特性，扬长避短，重新集成、形成新的整体方案。针对最佳方案的相对性，系统追求的是最佳性能和成本比，而没有绝对的最佳。运行的连续性，即在从设计到建造这个环环相扣的过程中，方案设计、施工图绘制、建设、运维每一个阶段都能准确达到预设目标，从而能够连续地进行。可信度的逐深性，即在设计过程中，设计师对于项目的认识是随着系统的进行而不断深入的，逐步从片面到全面，对新的设计条件进行适应性的改变。正如钱学森同志所指出的：“系统工程就是从系统的认识出发，设计和实施一个整体，以求达到我们所希望得到的效果。”

时间性可以理解为一种存在形态向另一种形态的转化过程，设计创作的过程是和具体时间联系在一起的。由于建筑设计的答案具有非唯一性，即同一个项目可以有各种可能的答案，这就使工程思维中必须包含艺术性思考，而且从宏观角度看，这一过程具有连续性和不可穷尽性，方案研究可以不断地演进下去。恩格斯指出：“我宁愿把历史比作信手画成的螺线，它的弯曲绝不是很精确的。”“自然界不是循着一个永远一样的不断重复的圆圈运动。”这里就是强调既要有连续性，又可能在渐进过程中有“拐点”、有“突破”，可能就是变异性、突变性，是艺术上的进一步演变和重组。

人们的思想发展始终在不断演进，叶依谦有关建筑创作的思考仍在不断完善、充实和发展之中，以上分析只是我的粗浅理解与自己的发挥。

在说到叶依谦的新书时，我还想补充指出的是：叶依谦还有着极好的家庭条件与内助，他的爱人焦舰和他既是大学同学，又是同事。焦舰是北京建院的副总建筑师，负责公司的绿色建筑研究，她在业务上的成就先不多说，仅她的公众号“来来小筑”就有众多的网粉，其所撰散文的细腻笔法完全继承了她母亲“巧云客厅”的风格且有过之。叶依谦的岳父焦毅强是低我五届的清华大学校友，长期担任建学建筑设计事务所的主创，在建筑创作、建筑绘画和书法、造型艺术以及写作上都极有成就，他提出过设计中的“有我”“自我”和“无我”说。这样的家庭环境肯定也对叶依谦的成长有极大的帮助。

祝贺叶依谦总新作的出版，对于他来说，前面还有很长的路要走，祝愿他在未来的工作中能够取得更大的成就。

中国工程院院士　全国工程勘察设计大师

北京市建筑设计研究院有限公司顾问总建筑师

2023 年 1 月 4 日

序·从建筑识人

崔愷

好建筑是城市的风景，作为建筑师在城市街道上行进，我最爱看的是街边的好建筑。我认识叶依谦便是从认识北京街头的建筑开始的。

记得最早看到的叶依谦设计的建筑是北京西二环边上的国际投资大厦。那时金融街沿二环大街的一期办公楼都差不多立起来了，说实话体量都不小，样子都有点儿笨。国际投资大厦体量也很大，但设计采用的南北向板楼山墙连体的策略，让沿街的体量化为有高低节奏的四段，每段立面幕墙设计比例修长、细密精致，深灰的石材配上银白的线条，一下子就成了西二环上的一道风景。一打听才知道这是北京建院的青年建筑师叶依谦的独创作品，这在那时国外建筑师进入中国市场，高档办公楼往往是合作设计的背景下实属不易，令人刮目相看！自此我便留下了对叶依谦的初步印象，尤其听说他还是天津大学邹先生的学生，让我对这位优秀校友也格外关注。

没过几年，我经过学院路靠近北四环的北航校园，一座颇有欧洲理性主义风格的巨大建筑赫然跃入眼帘，简洁大气的立面构成，虚实有序的连体空间，颠覆了一般校园中建筑的分栋建设模式，令人感到震撼。一打听又是叶依谦的作品，他果然出手不凡！

我之后又在北京理工大学中关村校园西侧看到叶总设计的国防科技园，也在未来科学城走进叶总设计的神华创新基地，还看到人民大学在中关村南大街上的留学生宿舍，从简洁大气的设计手法，到精道老练的细部处理都多少能猜到是叶总的作品。

近几年来，北京进入了疏解更新的阶段，不经意中有些大楼也悄悄变了模样。一个是长安街边的原纺织部办公楼，原来的设计听说也是出自前辈名师之手，当年在夺回古都风貌的背景下算是有些新意的成功之作。然而，随着这些年长安街两侧大型办公楼的建设，逐渐形成了一种首都风貌，原来的民族小品形式的手法便有些不太相称。不久前路过长安街时一瞥这个地方，发现大楼换了新装，而这“新”似乎又是旧款的样子，灰墙、素檐、三段式，简欧的调性可能是与东交民巷历史街区的风貌相呼应，唯有闪闪发亮的黑框大玻璃窗透出了时代的气息，犹如穿上了一件裁剪得体的老派西装站在这条历史长街旁，显出一种特别的自信。另一处建筑是在西二环官园桥旁的原环保部办公楼，之前好像是不起眼的淡绿色外墙加上深绿色琉璃檐口的样子，不久前也进行了改造，新立面像换了一件上档次的官服，既随了首都风貌，又养眼耐看，很有品质。对这两座建筑，其实开始我并没猜到是叶总的作品，因为它们和叶总的新建作品在设计手法和文化语境上都有所不同。但从金磊总发来的叶依谦的书稿中发现这两个成功的改造竟然也是叶依谦所为，令我十分赞赏和钦佩！

我在年底繁忙的工作中抽空翻阅叶依谦的书稿，除了欣赏他的精彩作品外，也从中更全面地了解了他的成长经历。叶依谦自幼就是喜欢绘画的小才子，在天大读书时便因为成绩突出常受老师表扬，是天大的优秀学子，毕业后有幸进入北京建院工作，一路竟有机会与那么多前辈名家学习合作，真是难得的缘分和机遇！当然更重要的是叶依谦本人的优秀素养和才气，加之虚心求教的心态和认真完成每一件工作的责任心，才能在机遇来临之时把握好、利用好，让自己稳步成长、顺利成才，才能把每一个项目做好、做精、做出品质！

这几年叶依谦在微信群里时常与校友们分享自己的电脑画，那鲜美的色彩、洗练的笔法、巧妙的构图展示出他很高的美学素养和艺术技巧，颇得大家赞赏！从这些精彩美妙的画作中我似乎也能够感受他天生是一种唯美的建筑师。说到唯美，我认为对建筑师而言其是很重要的专业素养，因为对建筑各个层级形式美的判断、对建筑环境意象的感知、对建造细节质量的不懈追求，都可以看出建筑师的眼力和功力高下，而许多建筑师设计水平提升的瓶颈也往往在于此。这些虽然可以在学习和工作中不断努力提高和积累，但说实话其可能还是骨子里的东西，是一种眼睛里不容沙子似的唯美意识。我想如果更多的建筑师有这种意识，有这种眼力，大街上就会少些粗陋的建筑，城市的风景就会更漂亮。

许多人近来都在关注北四环奥体中心区西侧的那座大楼，曾经极其夸张的头部造型正在被“修剪”中，这个棘手的活儿又是叶总担纲！相信大楼披上一身得体的新装后会符合那里的气质，成为和谐的新风景！

祝贺叶依谦建筑作品集的出版！祝愿叶总更多的作品出现在祖国的大地上！

中国工程院院士　全国工程勘察设计大师

中国建筑设计研究院有限公司总建筑师

2023 年 2 月

序 · 始于思考

庄惟敏

今获叶依谦总建筑师《设计实录》专著样书，甚为欣喜。

作为 70 后的叶依谦，自 1996 年从天津大学建筑系研究生毕业后，入职北京市建筑设计研究院从事建筑创作，一干就是 27 年。在他近 30 年的职业生涯中，我分明看到了一位职业建筑师扎实稳健的成长路径。从他毕业入职，跟随吴观张、王昌宁、何玉如、魏大中、柴裴义等多位老总学习和工作，直到今天出任北京建院执行总建筑师，一路走来始终奋战在建筑学专业实践的第一线。他不仅设计作品颇丰，多次获得国家级、省部级重要奖项，更因勤于思考且践行于实践，形成了自身的设计风格与理念，如他倾注热情用设计作品研究有特点的“科创”设计模式。他认为建筑师绝不是“插画师”，也不是工业设计师，其创新的成果不是让产品成为有吸引力的爆点，而是要扎实地提供高完成度的生产与生活的“容器”，让客户在使用中感到适用和惊喜，建筑师的进取精神要努力体现在人性化上。作为一线建筑师，而且是担纲重任的总建筑师，叶依谦能在繁忙的创作之余，总结梳理和升华自己的创作理念，并以此形成具有指导意义的创作观，实在难能可贵。

叶依谦作为资深建筑师，几十年的职业生涯使他在建筑设计上游刃有余。他对建筑设计的认知和理解，并因之凝练出的观念和理论，足以使他能驾驭各种复杂的建筑项目，也能使他在复杂项目的运作中始终保持一种职业建筑师的淡定和执着的学术主线。我看到叶依谦的谦逊与胆识，如他 20 余年前响应北京建院的号召，走出设计所毅然成立工作室，他说其中有教训，更有收获。教训是他意识到那时的工作室团队，不能完全应对每种类型的项目及不同背景的甲方，而收获是在项目的设计“海洋”中驰骋，面对高手林立、竞争激烈的市场，整个团队确实得到了锻炼，闯出了一片天地。如他传承 20 世纪 50 年代北京建院“八大总”之一杨锡镠的北航设计精神，在 21 世纪为北航校园的设计服务竟持续了 20 余年。这些校园项目既有与北航老主楼相望的北航新主楼，又有开创高校新社区与“书院”新格局的宿舍、食堂及科研类建筑。这些项目既有创新维度的理念，也有在传承中提升的品质，如他在北航老校园中以微更新方式完成了合乎国家城市更新文化目标要求的北航三号楼（发动机系楼）改造，就是他对中国 20 世纪建筑遗产项目的活化与再利用，体现了传承与创新。他在本书中写道:“我对于建筑设计的思考和对于世界和生命的思考相伴相随，可以说前者是以后者为基础的。我理解的世界是系统的，因为系统才使得丰富的内涵呈现出理性；我理解的生命是流动的，因为有生命的感知，才有了时间概念。我对于建筑最深切的理解是系统性和时间性，系统性承载着建筑的理性，而时间性承载着建筑的情感。”显然，这就是本书的关键所在，也是作者希冀表达的建筑观和价值观。

很多建筑师都认为他们有权用建筑实现个人的追求和表达，显然这种刻意的自我标榜会背离职业建筑师的信条，会让社会、环境和空间丧失意义、功能和公平。叶依谦认为建筑设计从来就不是静态的“自我实现”，它不该是“建筑师自我的纪念碑”。对于一名职业建筑师，特别是一家国有大型建筑设计院的执行总建筑师，这一认知无疑是一种崇高的职业精神和社会职业责任的体现，这也与国际建协（UIA）提出的《北京宪章》所定义的建筑师的职业主义精神相契合。也正是基于这样一种思考和价值观的坚守，叶依谦在他的创作生涯中持续表达和呈现出了多维思考、系统设计、环境营造、绿色生态和关乎全生命周期的创作特征，本书收录的 171 个设计项目对此给出了精彩的诠释。

我还看到，叶依谦也许是跟随张镈大师、何玉如大师画过图的缘故，他对设计颇为用心，对传承与创新有独到的理解。所以，从他的作品中不仅可以看到风格洗练、大方且明快，还能感受到他主动投入情感使建筑融景观于环境之中。无论是北航“北区”项目，还是北航沙河“书院”建筑，他都从实际出发，钟情现代建筑的造园艺术，先后“造出”地上与地下诸多有文化与自然特色的“景观园林”。恰如建筑“五宗师”园林大师童寯先生所述“要熟谙中西文化，既不一味尊崇，也不盲目贬低”。所以，我认为叶依谦是一位出色践行建筑与生态环境、使其融合并具有广博交叉理念的建筑师。

叶依谦的设计始于思考，止于分寸，得体且耐人推敲，在恢宏的比例中展现精细的人文关怀。我以为这是一位职业建筑师所应有的气质与风格。还有一点，叶依谦的水彩画非常传神，其扎实的美术基本功和美学人文修养也给予他具有灵性的美的表达手段，这无疑令同道们羡慕有加。这不仅是他的建筑文化生命力所在，更是建筑要如画的设计境界之表现。

全书图文精美，论述朴实，观点鲜明，是建筑师同行值得参考学习的一本专业读本，也是一本普通读者了解建筑创作和职业建筑师设计历程的有益读物。

祝贺本书的出版。

中国工程院院士　全国工程勘察设计大师

清华大学建筑设计研究院有限公司院长

2023 年 1 月 3 日

目录

理念自述

选录作品

理念自述

演进的设计

叶依谦

一、大学（1989—1996 年）

我于 1989 年进入天津大学建筑系学习，1996 年研究生毕业。

作为中国“建筑老四校”之一的天津大学，其建筑学教学传统可追溯至巴黎美术学院“布扎（Beaux-Arts）”体系，以形式构图训练开始，引导学生钻研建筑本体，是一个打造“艺匠”的过程。

天津大学建筑系本科包括理论、技术、美术、设计四个大体系的课程，虽然理论和技术的课程为建筑师一生的职业打下了基础，但以视觉艺术训练为主的美术和设计课程更被学生所重视。

“手头功夫”是艺匠的必需素质，天津大学的建筑学教育在这方面颇负盛名。我的本科时期处于全部手绘图的时代，头两年大量训练的素描、墨线、色彩、渲染、画法几何与阴影透视是完成大设计课的必备技能，二年级的水彩写生实习和古建测绘实习训练写生和测绘制图能力。天津大学建筑系学生基本功扎实、形式感好、画图漂亮的口碑是这样四年扎实的训练造就的。

我虽自幼喜欢绘画，但这个被“打磨”的过程并不轻松。建筑设计是一个不以解题的对错、实验的成败来评判的专业，带有强烈的感性色彩。和很多同学一样，我经历了艰苦的思维模式的调整，也经历了“开窍”的欣喜。现在回望，在本科阶段我完成了建筑学的“入门”。

我研究生师从邹德侬先生。邹先生学识渊博、经历丰富，并曾在建筑设计院工作，因此对建筑学有更理性的态度和更多维的视角。邹先生的学术研究以中国当代建筑理论研究为主线，并发表过多部重要的西方建筑理论译著，这些构成了我研究生期间主要的理论学习框架。此时，我对建筑的认识开始从纯形式美学范畴，逐渐扩展到经济、技术、人文、社会学等更多元综合的维度。

邹先生很早就开始关注计算机辅助设计（CAD）技术，并为弟子创造条件学习掌握CAD软件。他敏锐地洞察到技术进步带来的不仅是工作效率的提升，更有设计思维的变革，在作为学生时听到的这个观点，工作经年逐渐体会验证。

二、总工办（1996—1997年）

研究生毕业后，我入职了历史辉煌、实力雄厚的中国建筑设计领军单位——北京市建筑设计研究院（简称“北京建院”）。当时的北京建院人才济济，创院“八大总”中的张镈、张开济、赵冬日依然健在，第二代建筑师中的熊明、刘开济、何玉如、刘力、马国馨、朱嘉禄、魏大中、柴裴义等都是行业内有影响力的专家。

入院后，我有幸先后跟随吴观张、王昌宁、何玉如、魏大中、柴裴义等多位老总学习和工作。参加工作的第一年，我在当时的首席总建筑师何玉如身边工作，被安排了一项重要任务——为张镈老总整理设计作品。近一年的时间，我几乎每个月跟张老总当面汇报一次工作进展，大量的工作时间泡在档案馆查阅相关资料。张老总当时虽已年过八旬，仍然思维敏捷、乐天健谈，记忆力尤其惊人，对几十年前的设计细节回忆起来如数家珍。听张老总亲口讲述人民大会堂、民族文化宫、友谊宾馆等这些教科书上经典项目的历史背景、建造过程以及建筑师在特定条件下的设计思考，对我来说是一次非常珍贵且特殊的“入职教育”，极大地拓展了我这个刚走出校门的学生对建筑设计的认知。这段时间对于张老总和其代表作近距离的了解和学习不但是我难忘的工作经历，更是一段受用终身的学习机会。

何玉如总宽宏儒雅，非常有风度。他当时因担负北京建院首席建筑师的职务，更多的精力用于全院的设计和技术把控，放弃了很多个人创作的机会，是造就那个时代北京建院辉煌的关键人物。他令我看到了老一代建筑师的胸怀，以及因修养而带来的人格魅力。之后多年，我虽然不在他身边工作，但仍以这样的胸怀和修养来督促自己。

三、设计所（1997—2005 年）

跟随何玉如总工作和学习一年之后，我被分配到第三设计所工作了八年时间，期间先后在魏大中和柴裴义两位总工的指导下工作。

到三所没多久即跟随魏大中总参与国家大剧院的方案竞赛。魏总是观演建筑专家，毕生致力剧院设计，工作风格严谨，对年轻人教导悉心。国家大剧院的设计过程曲折而漫长，曾经先后举办过多轮国内和国际竞赛，我参与的是第一轮国内竞赛。因为时间紧任务重，三所组建了一个大剧院竞赛方案组，抽调了所内多位中青年建筑师，在魏总统一指导下集中工作。方案的整体构思由魏总提出，方案设计组分为总图、平面、立剖面、舞台工艺几个不同的工作部分，由不同的设计人负责并相互协同，我参与的是平面部分设计。这轮竞赛汇集了国内几乎全部的知名设计院和高校，最终我们院的方案胜出。这是我第一次参与大型项目的方案设计，也是第一次经历团队合作的工作模式，初次见识了大阵仗，了解了大型复杂项目的设计工作流程。在几位老总中，我跟随柴裴义总工作时间最长，他对我设计的影响也最深。柴总是会展和办公建筑专家，创作视野开阔，设计思考敏锐深刻，对设计的综合把控力非常强。其代表作之一的中国国际展览中心曾领中国建筑创作的风气之先，是我学生时期即仔细研读并深深钦佩的中国建筑师原创设计作品。

我跟随柴总设计的第一个项目是孟加拉国际会议中心。这是一个投标项目，在前期方案讨论阶段，我的设计草图被柴总选中，作为三个报出方案的一号方案继续深化。我们院在投标评审中获胜，随后的现场汇报环节，孟加拉方选中了一号方案，柴总指挥现场工作组在保留投标方案空间结构和建筑造型的基础上进行方案优化，形成得到确认的实施方案。

在接下来的工程设计中，我负责立面、剖面、外墙详图和主会议厅的室内设计部分。在整个设计过程中，柴总作为工程主持人对设计进展进行整体把控，对我更是手把手地教导，从最基本的设计原理到每一个细节、材料和构造的推敲，都耐心讲解分析。在项目的施工阶段，柴总结合工程进展的具体情况，对构造细节、材料样板、家具软装等反复调整和优化，以确保设计实施的准确性和完整性。这是我第一次经历一个项目设计和建造的完整过程，对于我这个年轻建筑师非常关键，从大学开始经过 10 年聚焦于建筑方案创作的训练之后，此时的我开始懂得了建筑设计是一个随着工程设计和建造进度持续深化和优化的过程。在这个过程中，建筑师除了做好本专业，还要统筹多专业协作，对此我的体会有三点：

（1）方案阶段仅仅是设计的开始，建筑设计不是一本漂亮的方案本；

（2）作为工程设计的“主持人”，建筑师需要对参与工程的各个专业均有足够程度的了解，在此基础上才能进行合理的判断，统筹整体设计工作；

（3）施工图设计的完成不代表设计的结束，在工程建设阶段需要继续优化设计，才能保证最终的建成品质。

在柴总的指导下，我先后完成了孟加拉国际会议中心、国际投资大厦、缅甸国际会议中心等项目的设计。我从柴总身上学到最多的是如何完成一个从业建筑师的“好设计”，以及如何把一个“好设计”完整实现的系统思考和工作方法。

我们这一代进入北京建院的建筑师是幸运的，在老总们和其他有经验的建筑师和工程师的教导下，我们快速成长起来，毕业几年之后就有能力承担“项目主持人”的责任。回顾这几年跟随老总们工作的经历，从他们的言传身教中我学习到的不仅是作为建筑师应具备的专业技能，更重要的是一种“大院设计观”。我理解的“大院设计观”包含大院应承担的责任和由此必需的思维方式。

国有大型建筑设计院，也就是我们常说的“大院”，在中国的建筑行业及社会中承担着与其身份相应的责任，这个责任包括两个方面的内涵：一方面，城市中重要、复杂、大型的公共建筑和民生工程的设计往往出自大院；另一方面，大院的设计必须是符合国家建筑方针、经得起时间检验的设计产品。

快速城市化和经济发展的时代背景使得我们这代建筑师很早就在项目设计中被委以重任。从 1999 年未满 30 岁时第一次独立主持设计北京怡海中学开始，我走上了项目主持人的岗位，承担的项目以位于北京市的公共建筑为主，功能越来越复杂，规模逐渐增大，2003 年主持设计了总建筑面积 23 万平方米的北航新主楼，建成后成为当时亚洲第一大单体教学楼项目。和前辈相比，我们在职业起步阶段获得了大量的工作机会和更能激发活力的创作环境，这是我们这代建筑师的幸运，而工作周期的缩短和社会心态的浮躁，是我们这代建筑师面临的挑战。

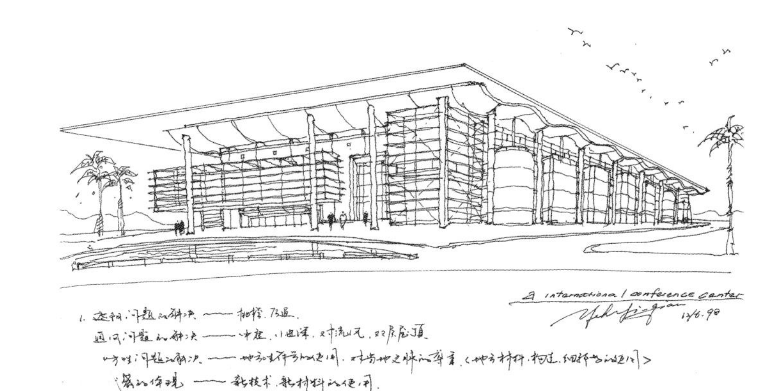

孟加拉国际会议中心（草图）

怡海中学（草图）

北航新主楼（草图）

四、工作室（2005年至今）

2005年我迎来了职业生涯的一个重要转折点——在北京建院对标国际通行的设计事务所模式推行工作室试点改革的背景下，我同其他几位同事一起成立了院属建筑工作室。

在设计所工作的几年收获颇丰，在有经验的建筑师和工程师的指导下，我成长为一位能够独立主持项目的注册建筑师，完成了由学徒向从业建筑师的转变。在对职业的未来充满期待之余，也出现越来越多的困惑，主要困惑有以下两点：

（1）承担的设计项目是设计所委派的，自己没有去市场上争取项目的主动权，无法在具体的建筑类型领域进行深化积累；

（2）一次只被委派一两个项目，往往几个月甚至半年时间花在方案阶段，而大量的方案又因为种种原因无法建造实现，导致建成经验的积累过于缓慢。

我理解的建筑设计是动态的，需要建筑师根据建成效果不断验证和反馈，从而持续在观念、方法和技术上进行调整和完善。在设计所，这个动态反馈的密度和速度已经无法满足职业建筑师持续成长的需要，我越来越觉得需要突破这种困局。

北京建院推行的工作室试点改革给我提供了机会，在院、所领导的支持下，我和几位同事一起创建了3A2工作室，磨合一年后走入正轨，我担任工作室主任，2018年工作室更名为叶依谦工作室。

从2005年至今，我一直是工作室的负责人和主创建筑师。工作室的定位是以追求高品质的建筑设计为核心的团队，如果在规模和品质之间需要进行选择，我们选择后者，这是我们组建工作室的初心，并一以贯之。因此，十几年来，我既是工作室的经营管理者，又是主创建筑师，以保证追求高品质的建筑设计这一目标得到坚持。

这个角色转变挑战很大。在此之前，我作为设计所内的建筑师只需专注于设计和技术部分即可，工作内容相对单纯，而成立工作室之后，设计、技术、经营和管理都在我的职责范围内，作为经营和管理方面的新手，我需要边学边干。

作为工作室负责人要带领几十人的团队，同时面对多个不同进展阶段的设计项目，在不断摸索中我们才逐渐形成稳定有效的工作方法。从设计到建造的动态反馈的密度和速度达到预期，再加上工作职责的扩展，我对建筑设计的思考维度再一次得到拓展，设计观也更加综合化和系统化。

工作室成立至今已满 17 年，以科研、办公、教育等公共建筑为主，设计并建成了一批获得甲方及行业肯定的项目。

以北航新主楼为开端，我们为北京航空航天大学、北京理工大学、中国人民大学、北大医学部、北京化工大学等高校提供规划和建筑设计服务，逐渐形成了高校建筑设计系列；以电信研究院 3G 实验楼为开端，我们陆续承接了中船系统工程院、中船 725 所、中国石油、神华集团、国电集团、中国商飞、中国海油等央企的研发中心项目，科研建筑的规划和建筑设计也成为工作室的主攻方向之一。

近些年，工作室尝试拓展工作的尺度和范围，在城市设计、城市更新、既有建筑改造等方面投入精力。随着中国城市化进程的逐步完成，城市更新和既有建筑改造日益成为热点问题，我们的设计任务中这类项目占比也越来越高。城市更新是系统性问题，涉及社会、经济、规划、民生的方方面面，建筑师在其中的工作既受到诸多条件的限制，同时发挥创造的空间也很大。在这个领域我们近期实践的有亚太大厦改造、西长安街 10 号院、中国生态环境部新址、中船系统院翠微科研办公区改造、中国退役军人部等项目。

在工作室成立以来的 17 年时间里，有许多难忘的事情推动我继续在职业道路上成长，现在回想起来，最难忘的不是那些鲜花和掌声，而是和业主在互相尊重前提下的互动。

2007 年工作室中标了中船系统院永丰基地项目设计，在第一次和业主的交流会上，业主领导通过描述向我展示了他心目中“想要的建筑”的样子，其风格和工作室的设计风格反差较大。当时的情况给我造成了一定的困扰，虽然我不是偏风格化的建筑师，但现代简洁是我们作品大的格调，业主想要的样子虽然不繁复，却并不现代，而是带一点传统的地中海风格，充满形式化的细节。

单纯的迎合不是我的工作态度，如何真正理解业主并建立良好的沟通，令我苦思良久，甚至出国旅行时也在“找感觉”。我意识到其实业主要的是一种特定的“建筑气质”，抛开建筑师自我的风格限制，真正和业主内心相通地去感受，我捕捉到了这种气质，而且发现它是美的，是我不但不抵触，反而也很喜欢的，我要以作为建筑师的能力为业主呈现出来。

之后的过程非常顺畅，建成后的效果得到业主的赞赏，我自己也比较满意。

业主的肯定当然令我很欣慰，然而我最大的收获是学会了放弃自我，这种放弃不是妥协，不是投其所好，而是一种人和人内心相通后的懂得和共鸣，这种内心相通的感觉远比所谓坚持自我风格要更充盈和有生命力。

五、设计观

回望 20 多年的建筑设计生涯，我对于建筑设计的思考和对于世界和生命的思考相伴相随，可以说前者是以后者为基础的。我理解的世界是系统的，因为系统才使得丰富的内涵呈现出理性；我理解的生命是流动的，因为有生命的感知，才有了时间概念。

我对于建筑最深切的理解也是系统性和时间性，系统性承载着建筑的理性，而时间性承载着建筑的情感。

从毕业开始，我就不认为建筑设计是静态的“自我实现”，狭义地讲，建筑可以说是工具、是容器甚至有时是标志，但无论如何不是建筑师自我的纪念碑。因此我理解建筑创作是建筑师将自我投入其中的“无我”状态，建筑师设身处地地想使用者之所想，关切他们的感受，以高水平的职业能力为使用者营造健康、舒适和美好的环境。

建筑因服务于人得以产生，以系统性的方法服务于人，是我最根本的建筑观。

围绕着这个根本的建筑观，我的设计观的内涵在不断演进，通过持续多年的多维度思考，我的设计观逐渐聚焦四个方面深化和拓展——系统设计、环境营造、绿色设计和全生命周期设计。

（1）多维度思考

在成立工作室之初我即确信，由于角色定位的责任所在，作为一位国有大型建筑设计院的主

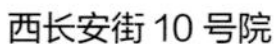

西长安街 10 号院

生态环境部大楼

持建筑师，对于建筑设计的思考必然是多维度的，不仅包括美学维度，还包括城市规划、使用功能、经济、安全、生态、技术等诸多维度，设计工作是建立在以系统化多维度的思维方式做综合性的分析和判断的基础上的。

随着年纪渐长，我用于建筑专业之外的哲学、历史、社会学、文学、艺术等的阅读和思考时间越来越多，对于世界也保持着多维度的思考，这些为我的建筑思考提供了丰富的营养，我越来越不拘泥于站在建筑师的本位思考问题，而是努力站在更宏观的视角，看到方方面面的因素，进行理性分析和判断，为建筑设计确定方向。

（2）系统设计

在系统化多维度的思维方式下，我对于建筑设计的认识由艺术创作逐渐向系统设计转变。我理解的建筑系统设计包括以下内涵：建筑是由结构、围护、设备、机电、内装及家具软装等各种子系统构成的综合系统。这个系统的正常运行需要充足的能源输入、良好的物理环境以及持续的系统维护。建筑更像是有机体，需要保证新陈代谢的顺畅。

这种系统设计观念，在现代工业设计中被普遍接受。汽车、家用电器、IT 产品设计都体现出高度系统化和集成化的特点。受建筑自身属性及社会认知的制约，还有建造方式的影响，建筑设计系统集成的程度相比工业设计低。

我理解其原因：一，相对工业产品，建筑的社会属性更强，文化、审美、历史等方面的精神性要求使得建筑基本上无法成为可复制的产品；二，过去几千年传统的建筑功能和配置相对简单，例如现在的普通住宅楼所具备的电梯、上下水、空调暖气、网络这些基本配置，是近一百年逐渐出现并普及的；三，相比汽车、家电等工业产品的制造，建筑建造的工业化程度较低，对建筑设计有很大的影响。

神华集团项目

最近几十年，建筑功能和配置的复杂性极速加大，建筑类型也在经历巨大的变化，一些新的建筑类型随着时代和科技发展而出现，例如商业综合体、综合交通枢纽等，而一些老的建筑类型在逐渐消失，例如曾经占据城市中心的工业厂房、仓库等，它们早已不再承载原先的功能，面临被拆除或是改作他用的命运。

建筑的建造也在面临大的变革，环境、人工等问题促使建造业不得不快速增强工业化水平，

北航沙河项目

而先进的智慧技术也在产生巨大的影响。一方面，建筑部件的工厂制造是大势所趋；另一方面，现场施工也因机器人、BIM 技术的支撑走向智慧建造。

在这样的历史背景下，建筑设计势必要向工业设计学习，增强其系统性和集成性。系统设计可以有效避免片面性思维，直面设计中存在的各种问题，以系统性思维去统筹、协调各类要素，给出整合性解决方案并动态控制。

（3）环境营造

在系统设计的观念下，我对于建筑设计核心任务的理解也逐渐由空间设计转变为环境营造。我们接受的建筑学教育可以说是“空间教育”。我们上学时天津大学建筑系系馆门口即镶嵌着“埏埴以为器，当其无，有器之用。凿户牖以为室，当其无，有室之用。故有之以为利，无之以为用”。建筑师主要的工作是在塑造空间。

然而，一旦完成过由设计到建造的过程，体验过设计成“真”，曾经想象的空间终于能够置身其中了，我更大的感触是，空间虽然是“空”的，但它不是抽象的存在，而是被实在的物

北航新主楼

北航北区

体限定出来的，并以光、声、色、味、触这些实在的特征被感知。空间的几何限定方式，空间围护系统的材料构造，空间的光环境、温湿度、空气质量、声环境乃至气味等都是构成空间环境的要素，也是人对空间环境体验不可或缺的组成部分。

空间，一种几何的描述，已经无法完全涵盖所有这些共同引发人的体验的内容，这些可以调动人的所有感官、令人体会到一种气质和氛围的内容，是这些内容一起令人或肃穆、或轻松、或安静、或热烈，我将这些内容的整体理解为“环境”， 我认为建筑设计的核心任务是环境营造。

同时，环境营造从工程技术角度来讲是一个更全面、更综合的定义。从尺度上讲，由室内环境到室外环境，再到城市环境，每个尺度层级都有不同的环境要素系统，也对应不同的环境营造方法；从物理环境上讲，一个整体的环境由光环境、声环境、风环境、色彩环境等不同子系统构成；从人的行为上讲，可以分为私密环境、公开交往环境、休憩景观环境等。以系统性的思维去理解、分析和营造环境会创造出非常丰富的体验感，这是所谓的“空间体验”无法比拟的。

（4）绿色设计

如果说系统设计是我的设计方法，环境营造是我的设计核心任务，这两个设计观都经历了演化的过程，绿色设计则一直是我坚持的设计价值观。

我在最早设计的北京怡海中学和孟加拉国际会议中心中即尝试绿色设计。这两个项目的设计均结合当地的气候条件，有针对性地采用了遮阳、增加自然采光和对流通风等建筑策略的绿色设计手段，在满足使用功能和使用者舒适度的前提下，降低能耗和排放。

和从指标性的后评估反推出来的绿色设计不同，我理解的绿色设计是当代建筑应有的价值取

孟中友好会议中心

国电新能源研究所

怡海中学

向。建立在多维度思考基础上的绿色设计不是偏激的唯技术论，也不是执着于以量化指标去衡量建筑，而是一种以绿色价值观带领整体设计的设计观念，健康、人性化和环境友好是其核心，也是需要取得良好平衡的要素。

建筑应该尽可能创造人亲近自然的环境和机会，尽可能做到自然采光和自然通风；结合气候进行设计，注重组合布局、建筑体型和围护系统的热工性能；采用可回收利用的环保材料，如采用高效率的清洁能源系统是我在工作实践中始终坚持的绿色设计原则。

对于那些过度强调技术手段的绿色设计观念我一直持审慎态度，一座完全密闭，靠机械通风做到恒温恒湿、零能耗的建筑，割裂了建筑与自然环境的有机关系，不应是绿色设计的发展方向。

（5）全生命周期设计

在一座建筑的生命周期内，会遇到修缮装修、设备更新、结构加固、功能改变乃至改造重建等各种情况。城市更新和既有建筑改造的核心问题之一，就是如何对建筑全生命周期进行设计并合理使用。

我理解的全生命周期设计包括以下内涵：首先，建筑在全生命周期内能够被充分使用才是最绿色的；其次，在建筑的全生命周期内会有多次和持续的改造设计。

亚太大厦改造

中船系统院翠微科研办公楼改造

因此，在一个新项目的设计之初即需要思考如何对建筑的延续几十年甚至上百年的全生命周期进行有效的动态控制。设计要为未来的调整和改变做准备，考虑到社会的变化、功能的调整、技术的革新等关键问题，使得建筑具备足够的韧性。

而对于城市更新和既有建筑改造，要尊重历史，珍惜建筑承载的记忆，满足当下需要的同时为未来留出弹性。

为达到上述目标，更加需要强调系统设计的方法，我们近几年在这方面的工作实践，印证了系统设计在城市更新和既有建筑改造设计中有非常大的适用性和有效性。

从踏入大学至今 33 年了，我从一个稚嫩学子成长为一个成熟的建筑师，回望来路，记忆最深的不是重点的项目，而是因为一个个设计和我连接的人，那些曾经悉心教导、诚恳沟通、信任合作的人，那些曾经服务过的人。今后，我将继续坚持建筑设计的核心和目标是“人”的理念，继续聚焦系统性和时间性这两大特质，持续多维度的建筑思考。随着对于人和社会了解的深入，随着服务于人的能力的提升，在扎扎实实做好每一个手头项目的过程中，我的设计观还会继续演进，这不但是职业生涯的继续成长，也将是我个人的继续成长。

选录作品

孟中友好会议中心

1998 年 · 孟加拉国达卡市

孟中友好会议中心位于孟加拉国达卡市，是我国政府援建孟加拉国的建筑项目。

孟中友好会议中心包括可容纳 1 670 人的国际会议大厅和两个可容纳 400 人的国际会议厅，两个会议厅均带 4 国语言同声传译系统；还包括 700 人宴会厅、贵宾厅及谈判间、新闻发布中心、电视转播室、自由工作间、商务中心、大会秘书处、祈祷室、咖啡厅以及相关的文件中心、工作间、翻译室、医疗中心、快餐厅等辅助功能用房。

由于该项目的重要性以及独特的地缘文化属性，为使用者提供一个具有地方特色的、舒适的使用环境成为设计的先决条件；同时，由于该项目受到所处地点特殊的气候环境、工程预算以及当地经济条件的共同影响，促使设计师必须对建造及运营成本进行控制。因此，设计对当地建筑精神进行挖掘，借鉴当地传统建筑语言，以体现地方特色；同时，该项目运用生态设计的方法，采用被动式节能技术，以求在降低成本和能耗的同时，创造良好的建筑微气候。

在对建筑精神层面的挖掘上，该设计以现代主义的设计手法为基础，在具体形式、材料上借鉴了伊斯兰建筑风格。当地传统建筑中极具特色和感染力的穹顶、拱券等建筑元素，优美且具有韵律感的平面装饰纹样，都以现代方式被转译于设计中。同时，建筑材料亦尊重特色，多采用当地常用的陶土砖、花格砖作为内外饰面及地面材料，控制成本的同时亦细致精美。

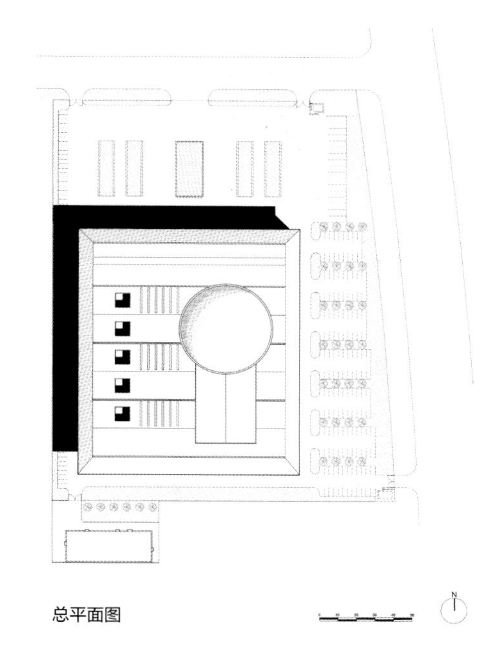

总平面图

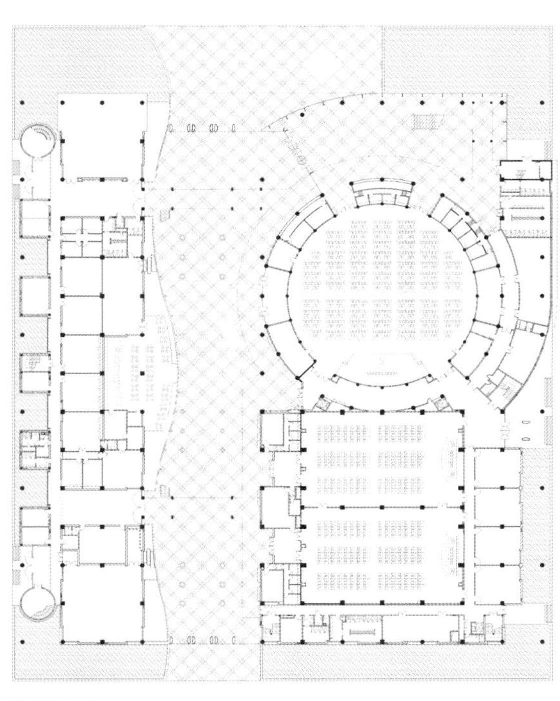

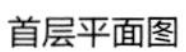

首层平面图

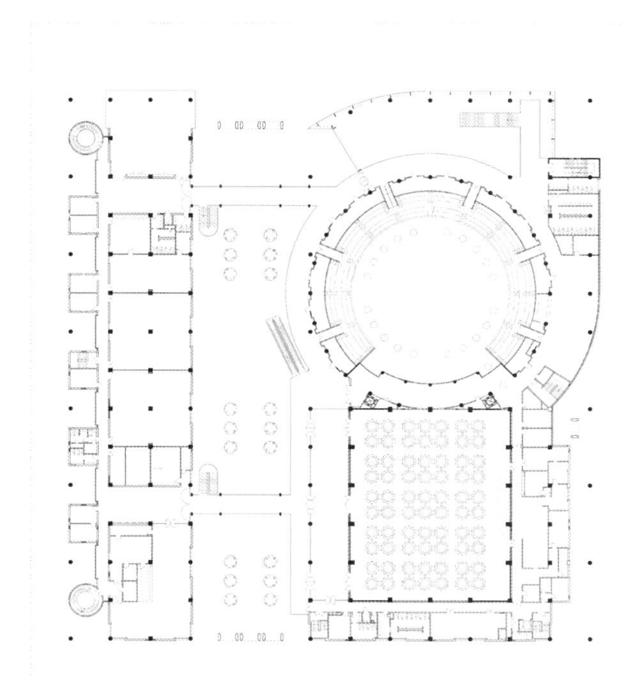

二层平面图

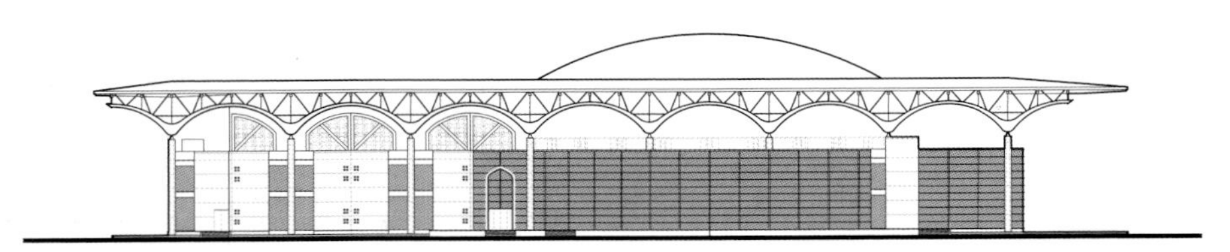

东立面图

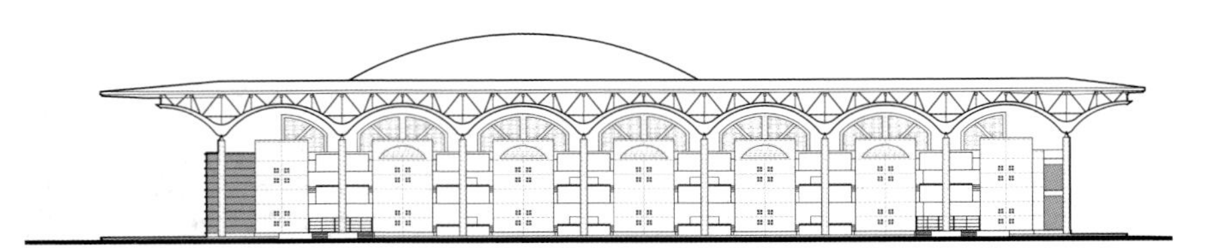

西立面图

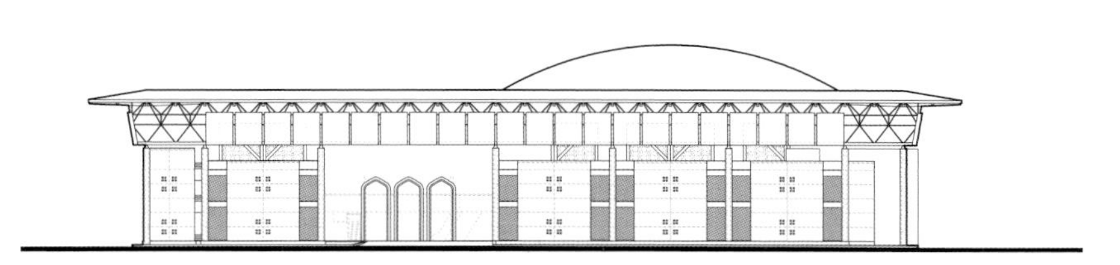

南立面图

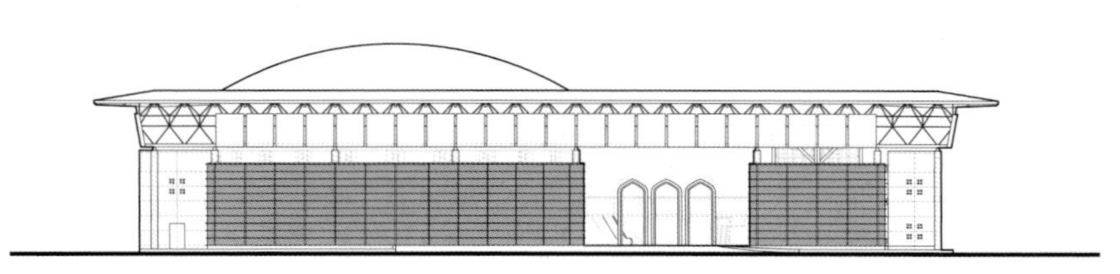

北立面图

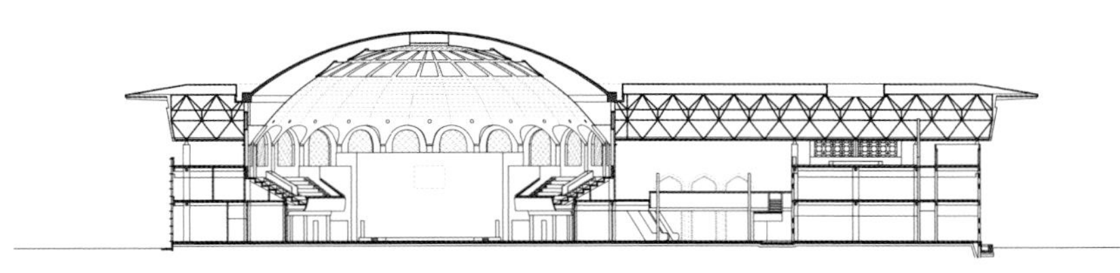

剖面图 1

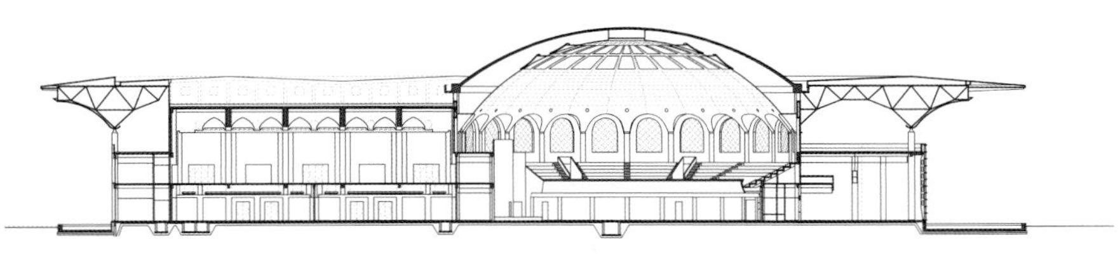

剖面图 2

在运用生态设计理念的整体布局中，设计团队从通风、遮阳、蓄水、绿化等角度对建筑布局进行了系统性考虑。第一，该设计通过合理的空间布局使自然通风最大化，通过带有孔洞的架空屋面、半开敞带状中庭、小进深房间等形成风压差和热压差，推动气流充分循环。第二，该设计结合建筑造型有效地解决了遮阳问题。巨大的架空钢屋面既是造型的一大特色，同时也将建筑的外墙、屋顶都置于阴影中，有效地降低了建筑热负荷。第三，该设计结合场地提

高了水资源利用效率。建筑周边及中庭设置的水池通过蒸发降温有效调节了局部微气候；同时在地下设置雨水收集池，调节水资源在雨季、旱季的不平衡问题。第四，该设计引入了立体化、层次化的景观绿化。绿植被引入中庭、屋顶夹层以及室内，在美化环境的同时调节了局部微气候。在综合采取多种生态节能措施之后，孟中友好会议中心在使用中的总能耗可节省 25%~30%，并给使用者营造出宜人的场所环境。

怡海中学

2000 年 · 北京市丰台区

怡海中学位于北京市丰台区花乡四合庄“怡海花园”居住区四期住宅组团的北部。项目地段东临四合庄西路，南临康辛南路，西、北侧为小区内部路。该地段东南部为居住区规划锅炉房。

怡海中学是一所六年制 30 班全寄宿普通中学，占地面积 2.48 公顷，总建筑面积 32 980 平方米，包括教学楼、宿舍楼和体育场 3 部分。

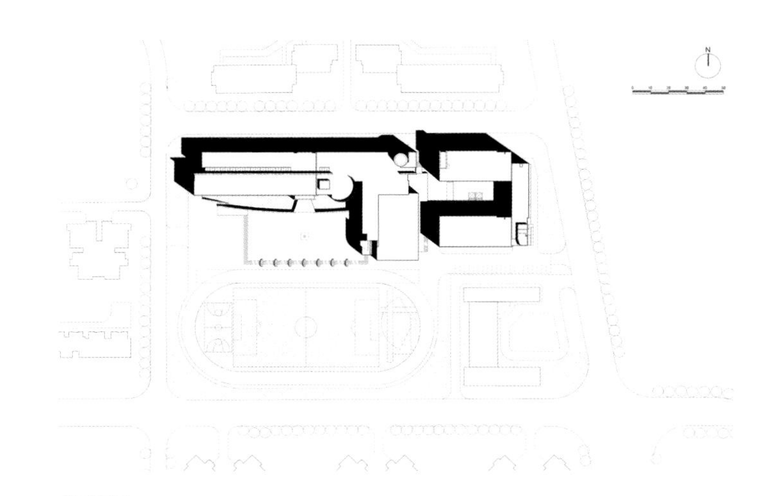

总平面图

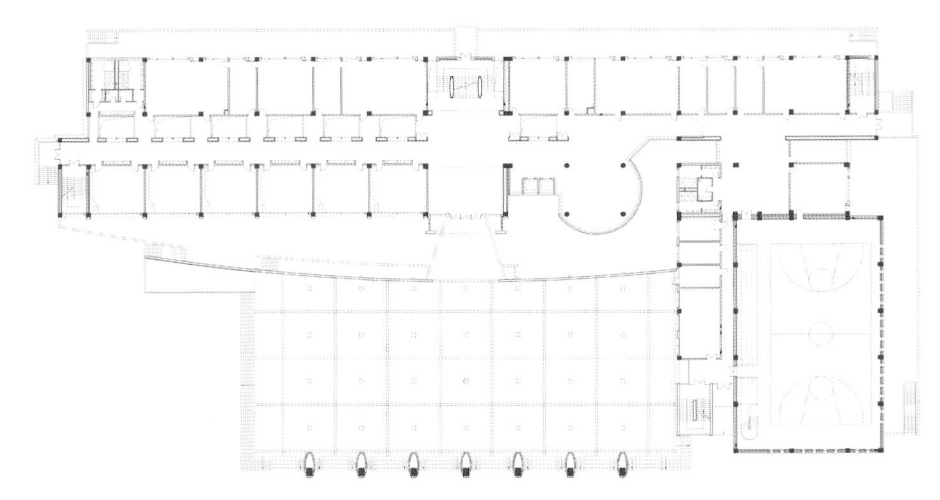

首层平面图

设计面临的首要问题是场地局促。按校方要求，有限的用地范围内需要安排 300 米长标准跑道运动场，这个要求极大压缩了建设范围，给布置校园各室内外功能带来一定难度。校园与周边环境的关系也不容忽视。校园外墙规定采用浅米色涂料，而周边的居住区是色彩鲜艳的新古典风格，校园以何种形象与环境对话需要设计师权衡。

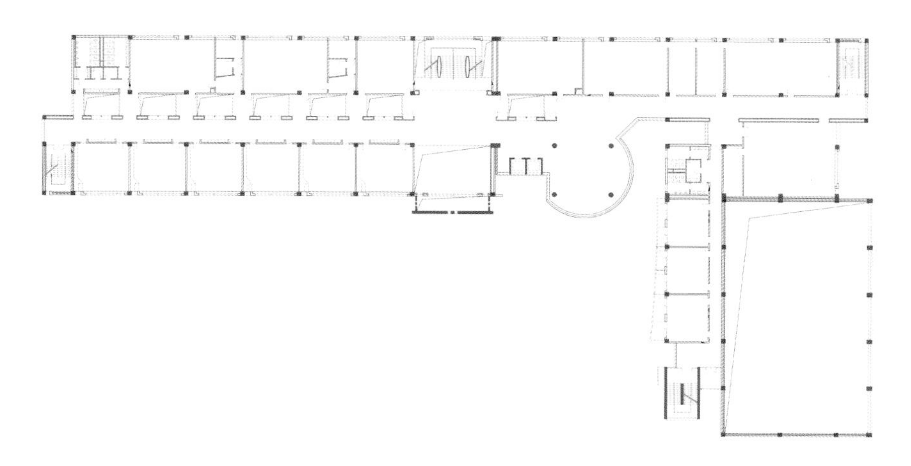

标准层平面图

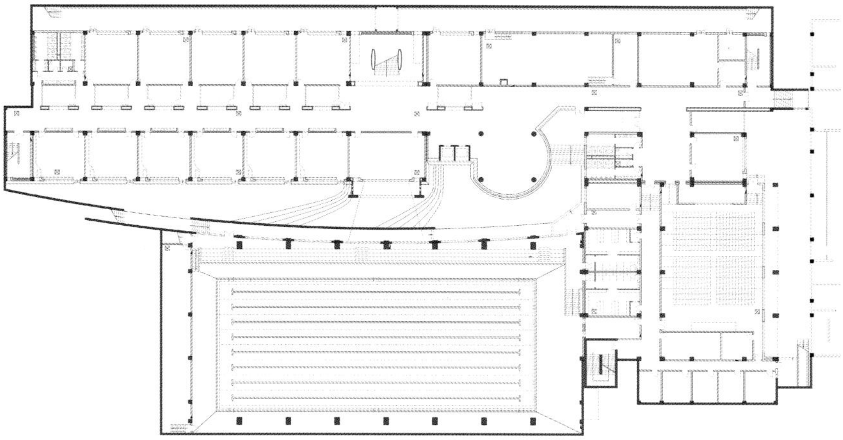

地下一层平面图

功能的合理布置是本项目的先决条件。教学楼呈“L”形，常规教室布置在采光充足的西南部，实验室及各学科专用教室集中布置于北部，二者共享中间的通高中庭与宽敞走廊。体育馆位于教学楼东南部，远离主教学区，避免产生噪声干扰。宿舍楼呈“U”形，围合出半开敞的安静生活区。师生食堂设置于地下一层，通过地下通道与教学楼相连，解决了恶劣天气下的交通问题。

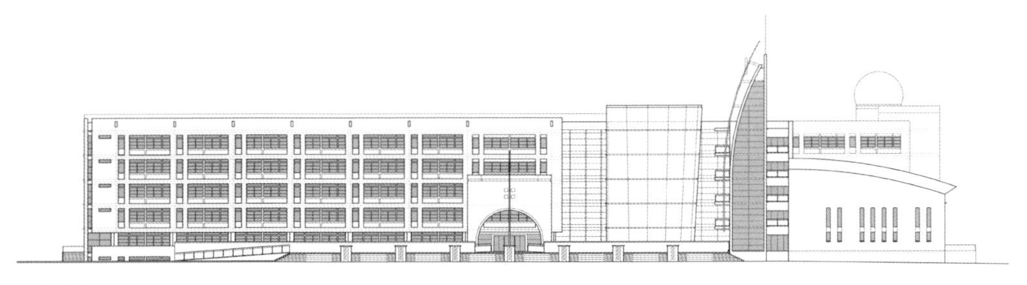

南立面图

西立面图

此外，项目充分挖掘地下空间价值，也借此创造了丰富的外部活动场地。设计方案将劳技教室、课外活动室、50 米标准池游泳馆以及辅助功能用房置于教学楼半地下层，并设置了下沉庭院以供通风采光。与此同时，开发地下空间也为创造丰富的外部活动场地提供了可能：游泳馆的屋顶成为被抬高的教学楼入口广场，下沉庭院则丰富了入口的空间层次。由下沉庭院、教学楼入口广场、宿舍楼内庭院以及体育场构成的外部空间通过相互借景渗透，为师生提供了视觉愉悦、尺度宜人的外部活动场所。

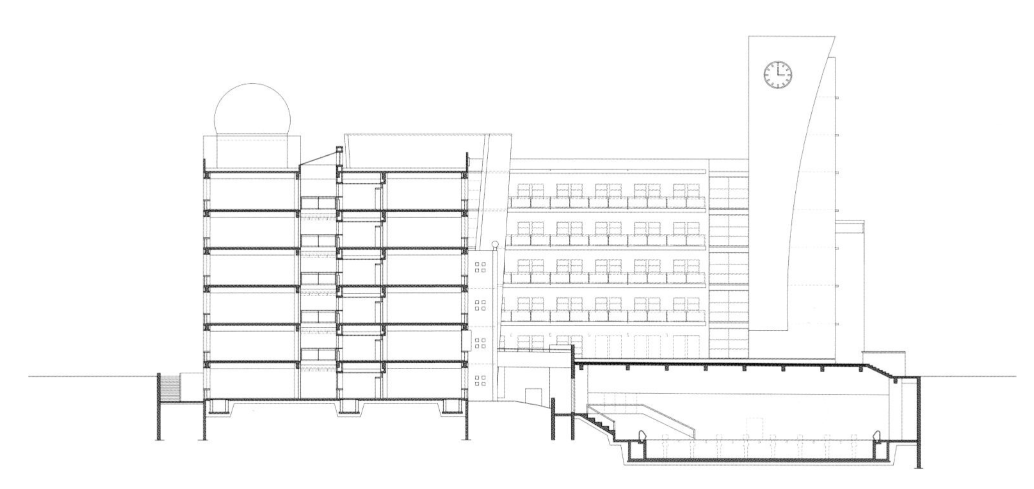

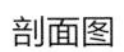

剖面图

在满足基本功能之外，项目重点雕琢中庭、门厅、楼梯间等公共空间，创造富有趣味的公共空间序列以及醒目的建筑形象。在教学楼内，非常规的“宽走廊 + 有限度的挑空 + 廊桥”围绕着带状通高中庭展开，为学生带来了不同于普通校园的感受；而高中庭、3 层通高前厅及

倒圆台形玻璃大厅共同构成了一个连续的、活跃的空间序列，圆形玻璃厅、风帆造型的钟塔也在视觉上统领了整个校园，由此形成了独属于怡海中学的标志性空间与形式，使师生产生了认同感和归属感。

国际投资大厦

2001 年 · 北京市西城区

国际投资大厦位于北京市西城区官园小区西侧，西临西二环路，北临官园公建区东西向规划路，东至官园公建区南北向规划路，南接规划路受壁街。用地呈长方形，用地南侧邻近白塔寺历史保护区及金融街。

本项目建设用地面积 17 500 平方米，总建筑面积约为 16 万平方米，地上面积接近 12 万平方米。地上 21 层，地下 3 层。地上 3 层以上为办公楼，1 层至 2 层为商业空间、餐厅、邮局、银行、办公楼大堂等。地下为 3 层车库及机电用房。

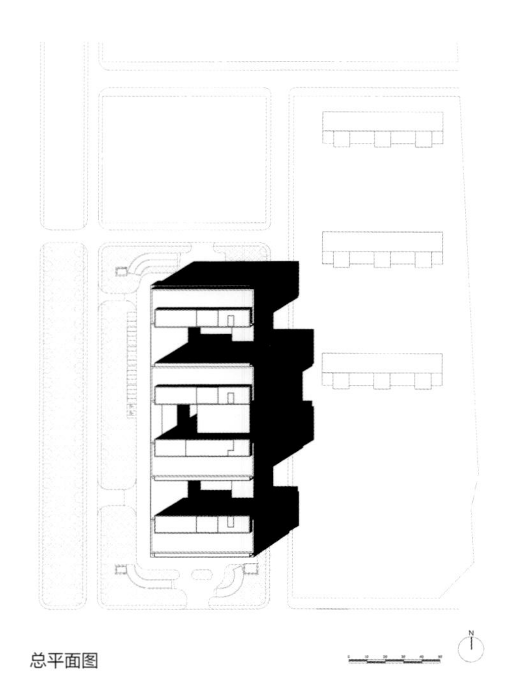

总平面图

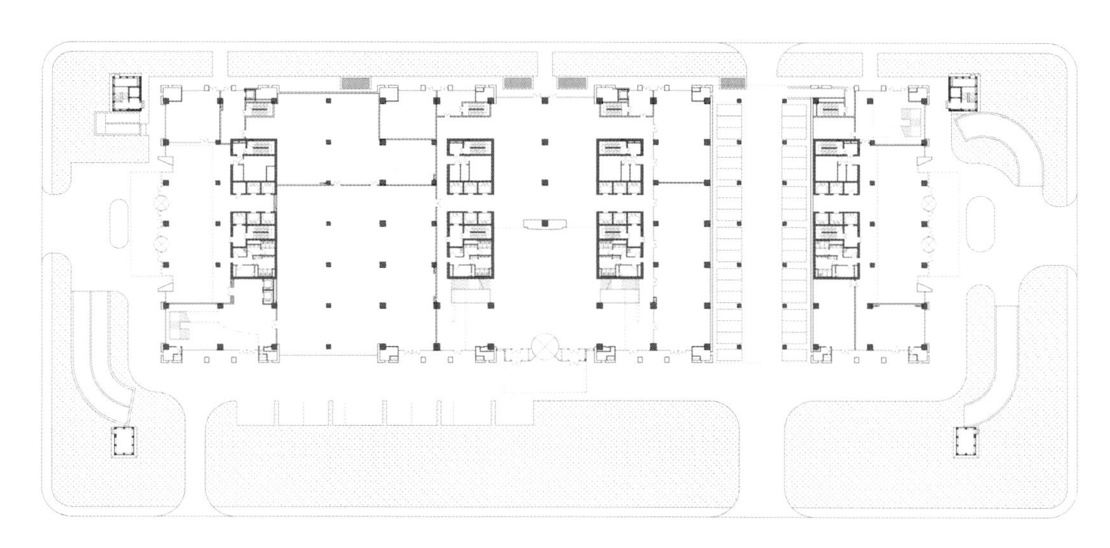

首层平面图

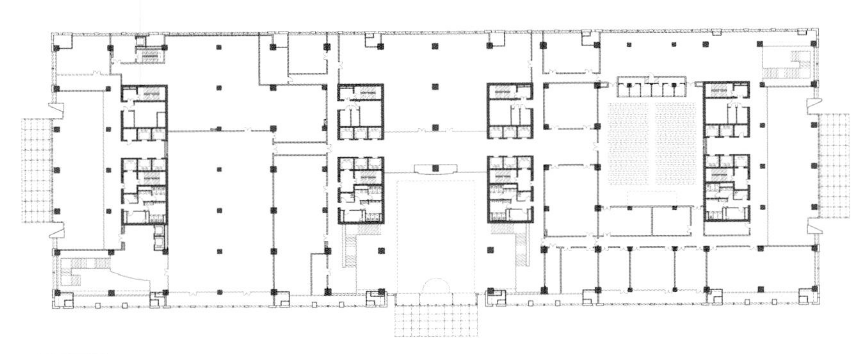

二层平面图

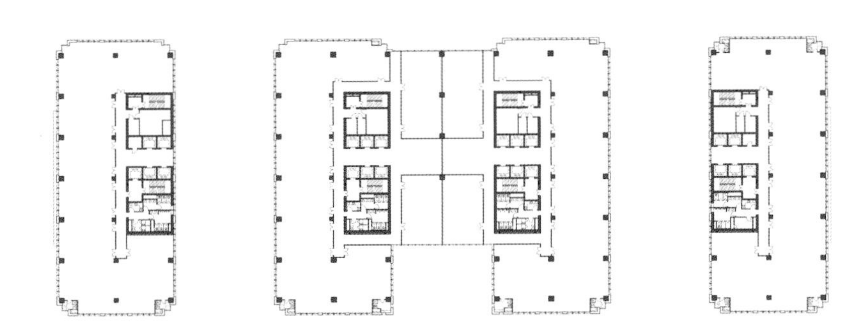

八至十层平面图

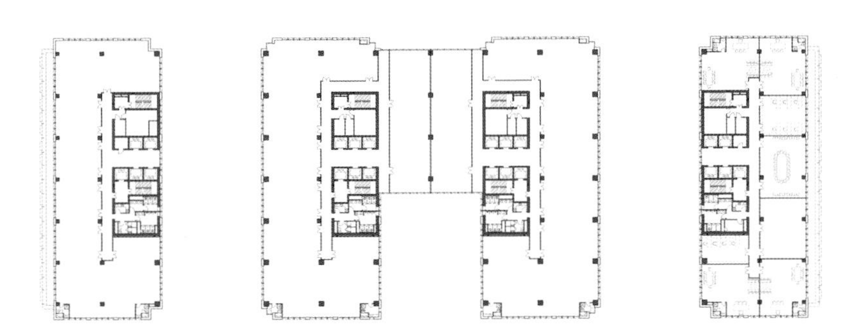

十四层平面图

项目面临多种挑战：作为商用写字楼，本项目需权衡调配面积与各种功能；作为金融街办公区的一部分，本项目需树立自身形象，并与周边城市环境协调；受限于南侧白塔寺历史保护区的视线压力以及北侧住宅的光照压力，规划条件严格限制了场地内南北端的建筑高度。

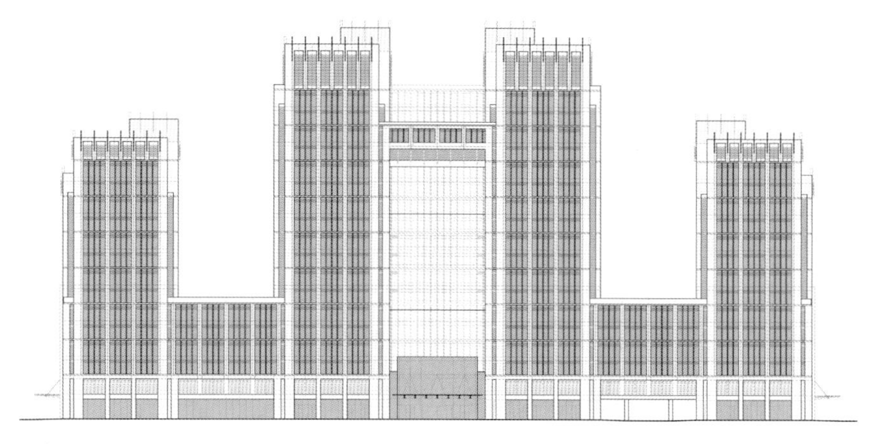

西立面图

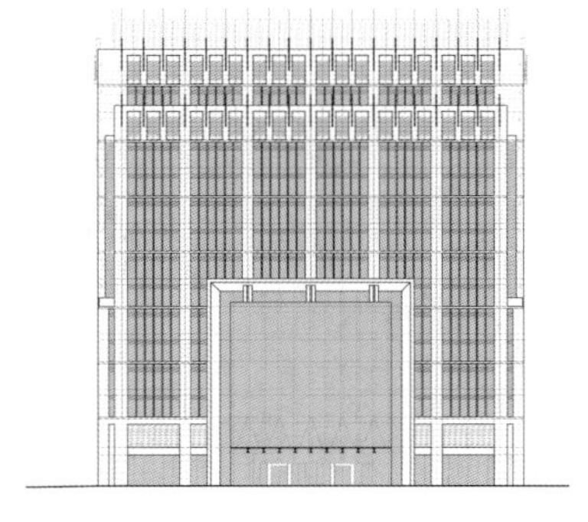

南立面图

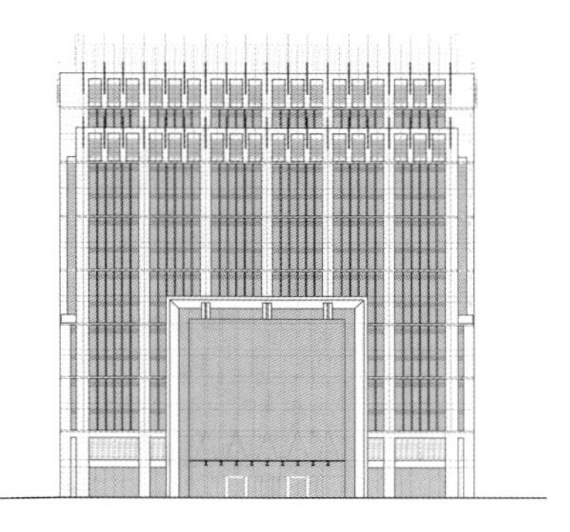

北立面图

剖面图

拆分使用面积以复合各种功能是设计的切入点。为有利于将整栋单体建筑向大型企业销售，项目被拆分成功能相对独立的 4 栋单体建筑，每栋单体建筑面积降至 3 万平方米左右。根据功能要求，本项目以 8.4 米 ×10.8 米的柱网界定出平面尺寸完全相同的 4 栋塔楼和位于其间的 3 个多层连接体：每栋塔楼的首层均设置入口大堂，而塔楼之间连接体的首层则设置商业部分的入口。这样的功能布置可在较高容积率的前提下，充分利用用地条件，尽可能争取办公空间的均好性及最大限度的自然采光、自然通风等物理条件。

规划的限制也被转化为形体设计的积极因素。场地南北端的建筑高度受限，导致本项目的 4 栋塔楼必须是两边低、中间高的布局。而这种对称的形体布局反而使得建筑沿西二环路的西立面成了真正意义上的主立面，有利于建筑主体形象面的塑造。在此基础上，建筑形体自然产生：4 栋塔楼中的南北两栋高 60 米，中间两栋高 80 米，建筑在底部 6 层相互连通，中间两栋塔楼又以连接体及空中连廊相连，形成了庄重、大气的形象面。

在立面造型层面，本项目追求简洁但不乏细部的构造，达到庄重但不失变化的效果；对幕墙构造进行了深度设计，以两层为一个单元，通过铝材、竖向遮阳百叶、花岗岩石材以及玻璃等形成简洁的构造。立面肌理均质且有韵律，达到了内部功能与外在表现最大限度的统一。另外，本项目将中间两栋塔楼之间的入口大堂设计成全玻璃构成的冬季花园形式，成为视觉焦点；在构造上，三角形的上缘和下悬杆形成轻质的大跨度结构，从而体现轻盈，并有防止太阳直射的功能。

北航新主楼

2004 年 · 北京市海淀区

北京航空航天大学东南区教学科研楼（以下简称：北航新主楼）位于北京市海淀区北京航空航天大学东南区，东临学院路。项目规划用地约 6.4 公顷，总建筑面积 22.65 万平方米。该项目设计起始于 2003 年 7 月，2004 年 8 月完成全部设计，2006 年 9 月建成并投入使用，已有多个学院和单位入住。

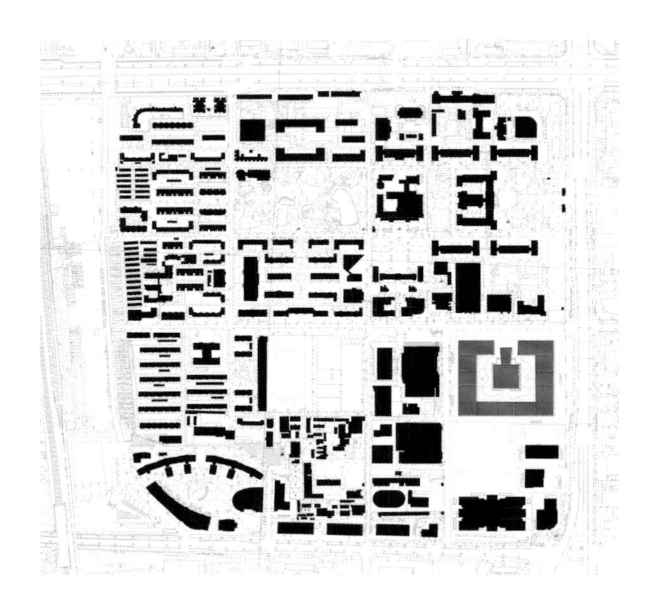

校园区位图

依照校方要求，北航新主楼的方案设计遵循《北京航空航天大学老校区修订性规划》。该规划将多栋教学科研楼整合成一个院落式布局的建筑组团，形成有强烈轴线感的建筑空间形态。

在设计内容方面，设计院则与校方签订了设计总包合同。按照合同要求，我们需要完成包括建筑、结构、设备、机电、室内、景观、夜景照明设计等内容在内的整体方案及施工图设计工作。

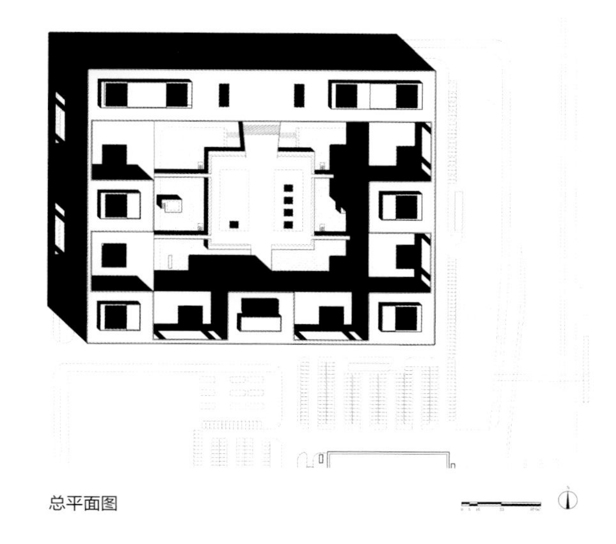
总平面图

在对城市环境、设计任务书和修订性规划进行充分研究、分析的基础上，我们明确了北航新主楼的设计方向：首先，强化建筑群体的围合感和整体性，使之能够与城市环境、校园环境有机融合；其次，在内向型庭院内增加一个新的元素——景观平台（其内部是学术交流中心），以平衡庭院过大的空间尺度；第三，追求空间层次和尺度，强调人在其中的体验，避免超尺度空间可能形成的单调感和压迫感；第四，塑造均质化的立面肌理，赋予校园建筑以其应有的简约风格；第五，有效使用生态设计方法，力争在有限的造价水平内对绿色建筑理念进行实践；第六，对室内、夜景照明以及建筑构造等方面的设计进行深化，追求建筑设计的完整性和技术手段的可靠性。

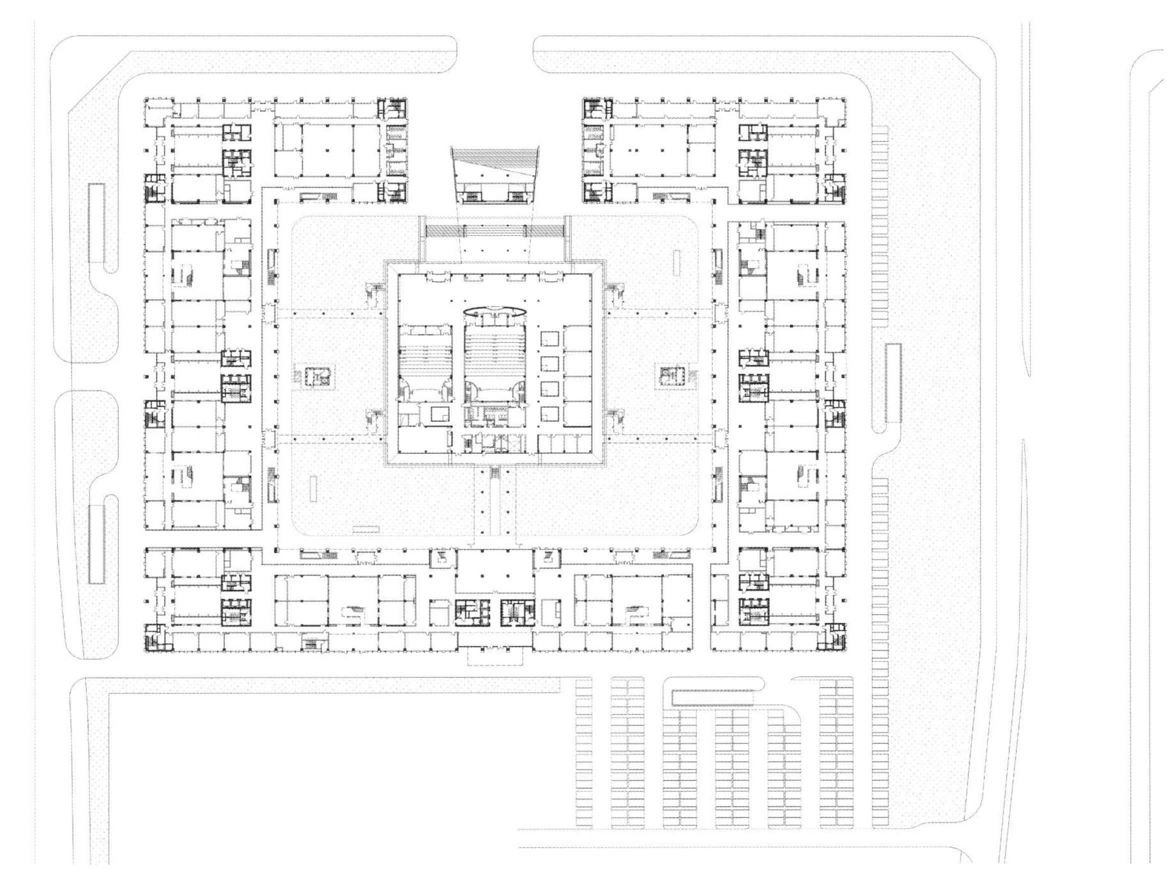

首层平面图

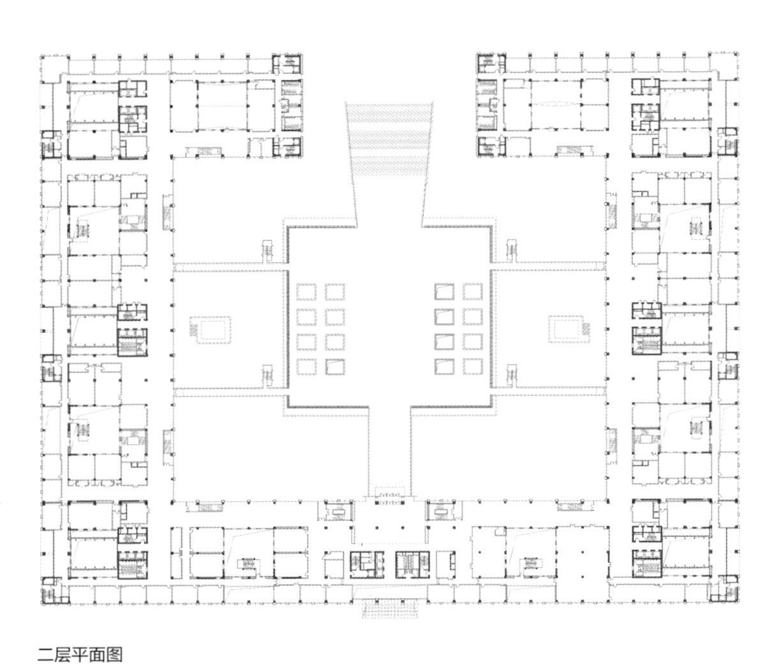

二层平面图

八九层平面图

北航新主楼由地下和地上两部分组成。地下部分为 2 层，包括物业管理用房、汽车库及设备、电气机房等功能。地上部分根据使用性质，分为教学科研办公楼及学术交流中心两部分。教学科研办公楼部分由 7 座 11 层的主塔楼和联系其间的 6 层建筑（副塔）组成。首层、2 层包括入口大堂、实验室、教室、中央控制室、24 小时自助银行、咖啡厅、休息廊等；3 至 6 层包括研究室、实验室、办公室等；7 层至 11 层为行政办公区。副塔屋面为屋顶花园。北侧双塔之间 10 层及 11 层以大跨度钢桁架相连，为多功能区。学术交流中心位于庭院中部，包括大、中、小会议厅若干，会议厅均按多媒体形式设计。学术交流中心的屋顶平台之上为景观广场。

西立面图

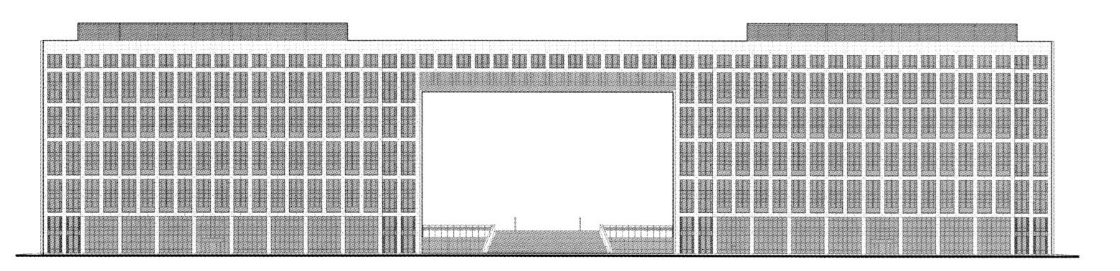

北立面图

北航新主楼属于北京航空航天大学教学区的一部分，周边教学建筑众多，且东临学院路，又成为大的学院区的一个组成部分。本项目的建筑造型设计力求在这样的环境中树立自身形象，并与城市环境相协调。由于周边环境较为无序，缺乏统一的规划和必要的联系，因此我们以规整的几何形体构成连续、简洁的外轮廓线，整合周边校园的空间关系，并与城市干道形成尺度上的呼应。

北航新主楼规模庞大，但没有采用通常的高层建筑追求竖向延伸的设计思路，而是运用了周边院落式的布局方式，使建筑在水平方向充分延展，形成了具有中国传统建筑空间韵味、较为人性化的空间意象。我们对这种空间意象加以强化和发展：通过在北立面设置大跨度连接体以及在其他立面设置连廊的方式，使建筑的围合感和整体感更为清晰。设计运用中国传统建筑框景、对景的设计手法，将学术交流中心和主教学楼置于内庭院的中轴线上，使得建筑的空间层次进一步丰富。

北航新主楼立面风格的确定建立在设计团队对校区总体建筑风格分析的基础上。与北航学校性质颇为统一的总体建筑风格有着朴素、简单、冷峻的特征。而这种简约、内敛的风格对于北航新主楼这样一座尺度庞大的校区新建筑来说是恰当的，也是必需的。在立面肌理的刻画上，我们遵循“形式源于功能”的原则，以最直接、最真实的表现手法去反映建筑的内容。

北航新主楼占地面积颇大，其内部庭院面积更超过 1 公顷。在景观设计中，我们对建筑的外部环境与内部庭院采取了不同的设计手法：建筑外部以几何化的绿化带、铺装、水池、景观小品为主要元素，塑造出理性化、城市化的景观风格，以此作为建筑与校园环境、城市环境过渡的区域；建筑的内部庭院则采用了极为自然的景观设计手法，茂密的树林、地势自然起伏的草地以及景观平台、飞桥构成了内向、安静、质朴、富有生命力的场所空间。

在北航新主楼的生态设计方面，我们做了一些积极的尝试。由于方案设计恰好是在“非典”结束后开始的，如何设计一座健康的建筑成为我们面临的很现实的问题。北航新主楼是一座规模庞大的教学科研建筑，投资相对有限，同时，运行成本也必须控制在可接受的水平，采用实验性的、成本高的技术手段并不现实。因此，“有效”的生态设计手法成为我们的首选。首先，在采用院落式平面布局的同时，在每个主塔和副塔内均设置室外中庭，形成良好的采光、通风条件；其次，为了保证室外中庭自然通风的真正形成，在每个室外中庭底层的侧面，均设置了半室外、两层通高的“内庭”，并在其朝向室外一侧安装了可手动调节的控风百叶系统。实践证明，这些措施可以保证中庭内热压对流的有效形成。

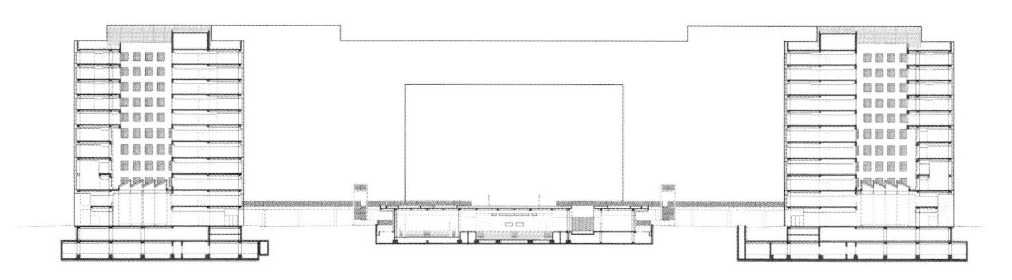

剖面图 1

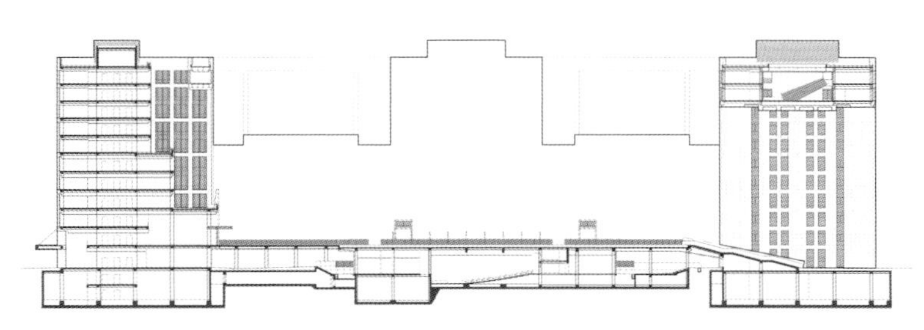

剖面图 2

庭院的设计手法也渗透到学术交流中心的空间设计之中。5个朝向屋顶景观平台开口的“水院”不但为大进深的学术交流中心带来了充分的自然采光，也同时形成了别致的空间氛围。

立体、多层次的绿化景观设计也是北航新主楼生态设计的主要方法之一。与建筑的空间层次相对应，绿化景观被分为3个层次：内庭院、景观平台和7层屋顶花园。内庭院的绿化采用自然风格，以落叶乔木为主，形成大面积的树林；景观平台的绿化景观设计将几何化的绿化带、广场铺装、景观小品等元素相结合，既注重近人尺度的效果，也同时考虑了在建筑不同高度观看景观平台的视觉效果；屋顶花园的绿化景观设计则更多关注人在其中休憩、放松时的场所氛围。

在北航新主楼的生态设计中，我们还采用了雨水回收利用、太阳能利用、热回收利用等方面的多种生态、节能设计的方法。

由于是设计总包，在设计中，我们与室内、照明、幕墙、电梯等分项的设计师密切配合，在最大限度上贯彻设计理念，保持设计的整体性。北航新主楼为我们实践“整体建筑”的设计理念提供了一次宝贵的机会。

烟台世贸中心会展馆

2005 年 · 山东省烟台市莱山区

烟台世贸中心会展馆位于山东省烟台市莱山区体育公园东侧，南临世贸路，北临滨海路，可眺望大海。项目用地面积 25.4 公顷，总建筑面积 157 585 平方米，其中地上建筑面积 137 800 平方米，地下建筑面积 19 785 平方米。建筑地上 4 层，地下 1 层，建筑高 45 米。

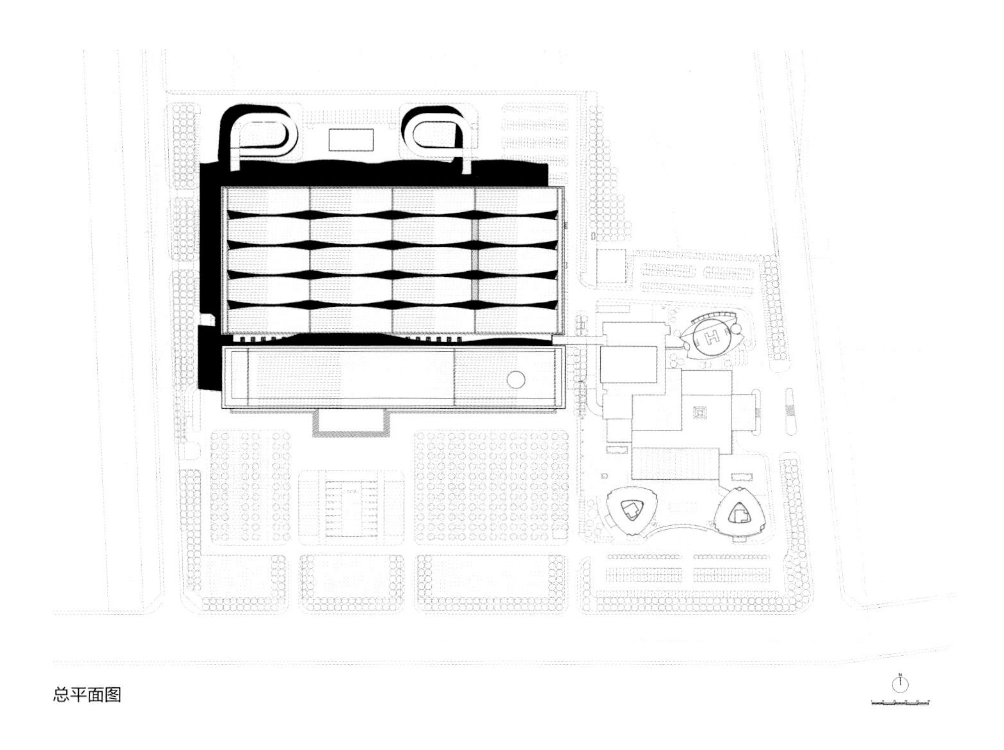

总平面图

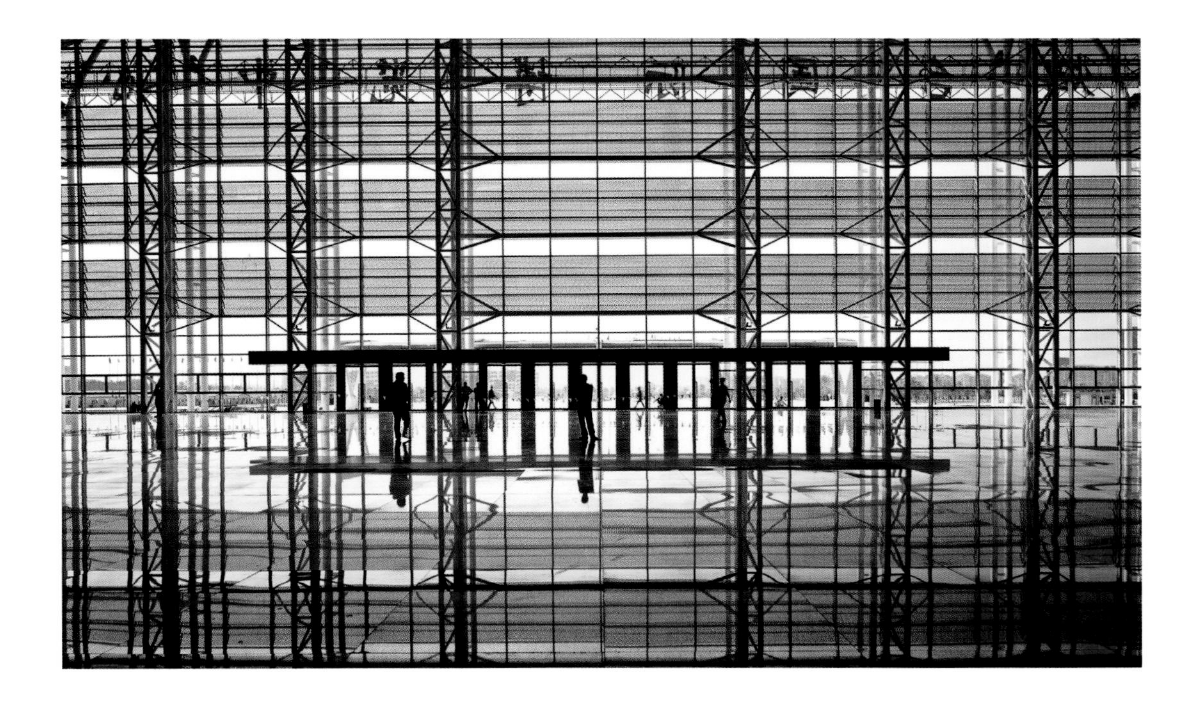

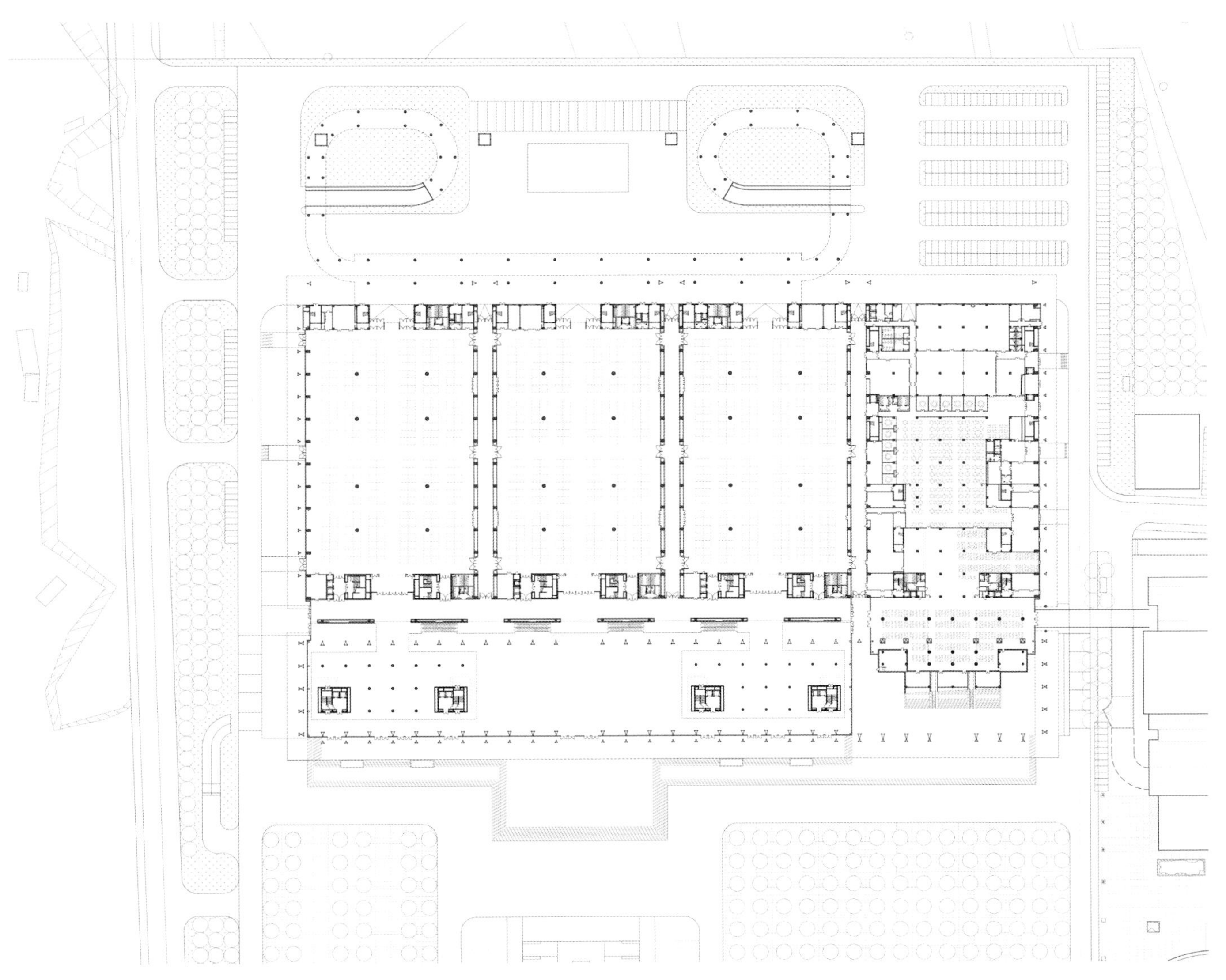

首层平面图

烟台世贸中心会展馆的定位是省市级展览中心，是集大型展览、国际会议、商务服务、办公接待等功能于一体的建筑综合体。在功能组织上，项目将所有功能集约布置，既可以提升效率，又可以集中统一形体，展现恢宏的气势。在展览部分，共有 6 个 99 米进深、63 米面

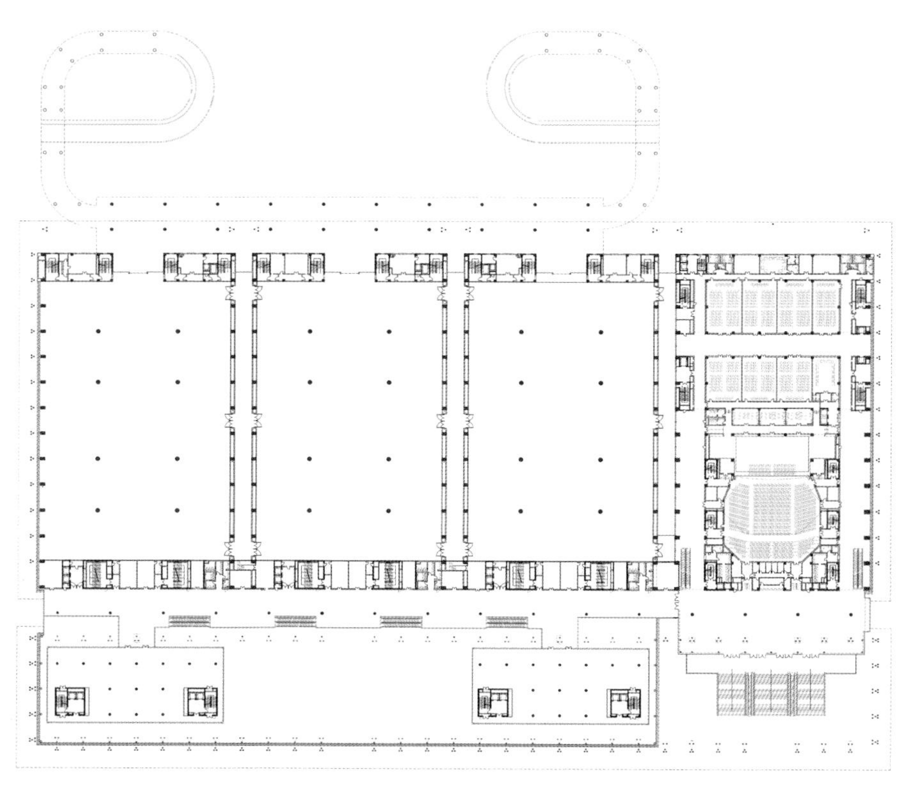

二层平面图

宽的标准展馆分 2 层布置于场馆北侧；长期展厅位于大厅一侧，东、西各有一个体块穿插其中，每个体块 3 层，共有 6 个长期展馆。在会议功能区部分，会议中心共 4 层，包括大餐厅、中餐厅、1 500 人会议厅、1 000 人宴会厅、中小会议室等。设计合理组织展览流线、会议流线、贵宾流线、货物后勤流线，满足大人流、多功能的使用要求。

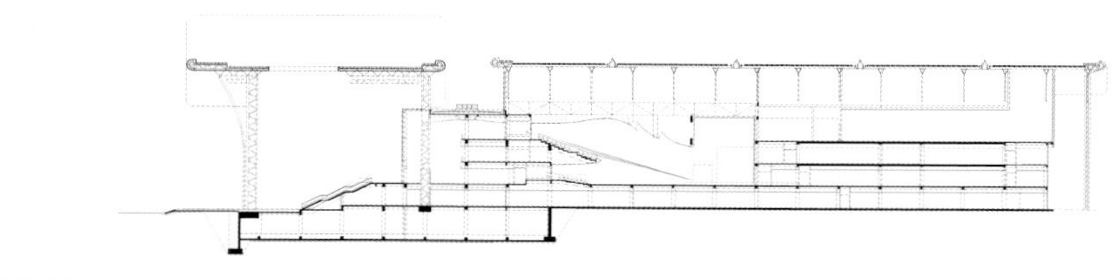

剖面图 1

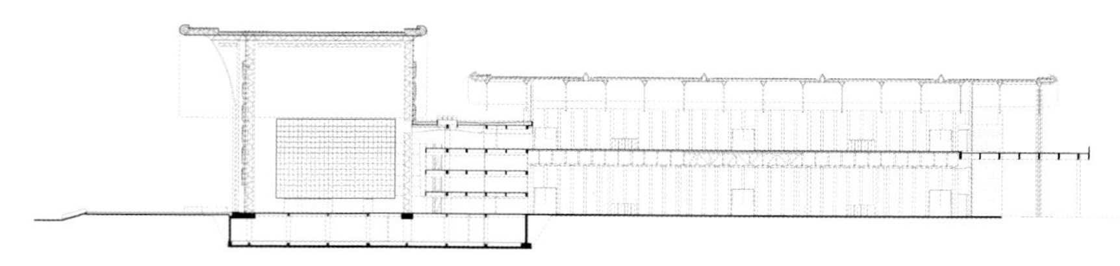

剖面图 2

在建筑造型上，本项目以曲线形屋面作为亮点，起伏的屋面覆盖在所有功能体块之上，自北向南重复变化，体现韵律感；中部突起，提示入口轴线；两侧微扬向外展开，以一种开放、舒展的姿态与自然景观对话，体现出

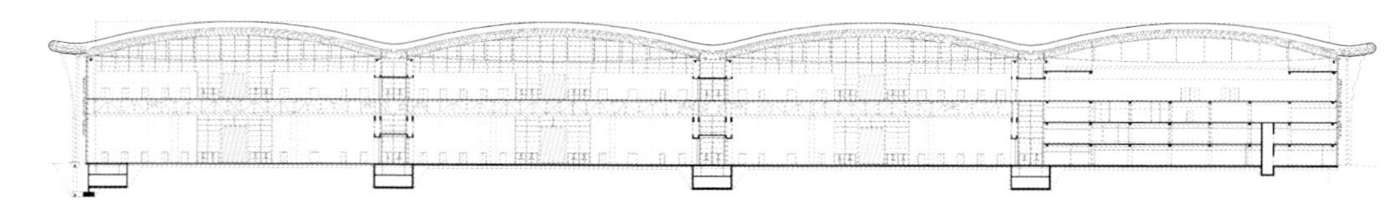

剖面图 3

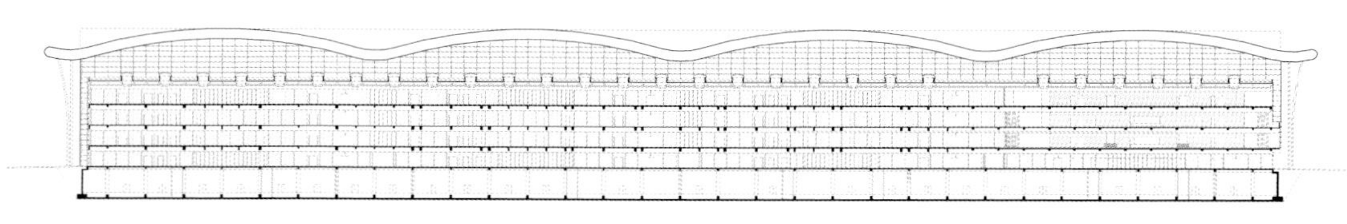

剖面图 4

滨海城市的建筑特色。项目外墙面以金属幕墙、玻璃幕墙为主，主体退于屋面之后，面向大海轻盈通透，进一步强化了屋面造型，同时钢与玻璃的搭配与构造也体现出建筑的现代感。在结构上，本项目以张弦梁结构实现造型上的设想，在满足大跨度需求的同时，营造了连贯、恢宏的建筑形象。

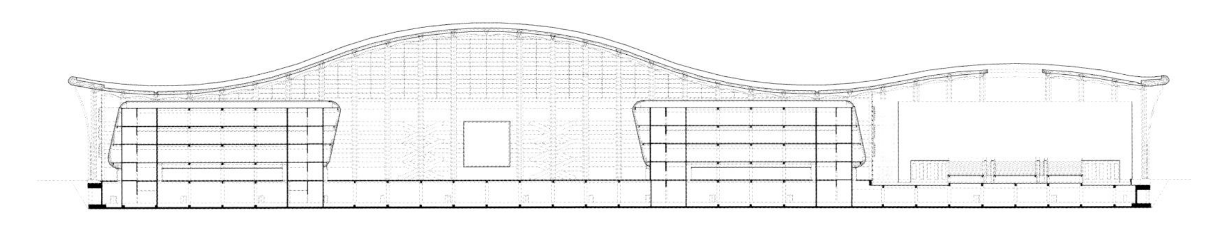

剖面图 5

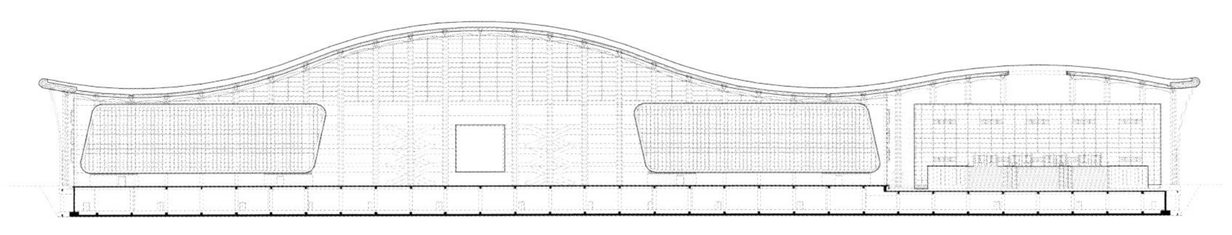

剖面图 6

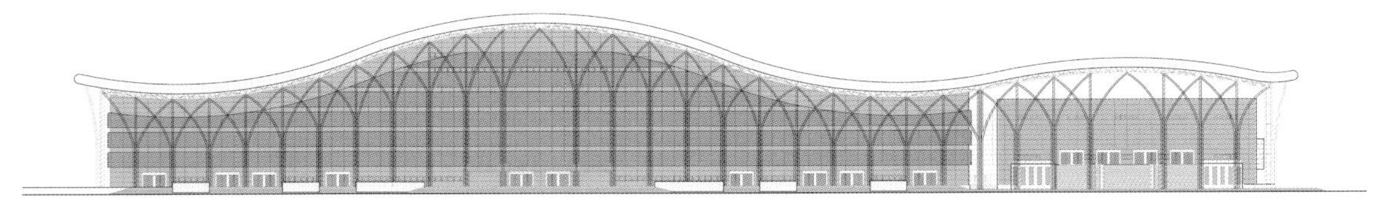

南立面图

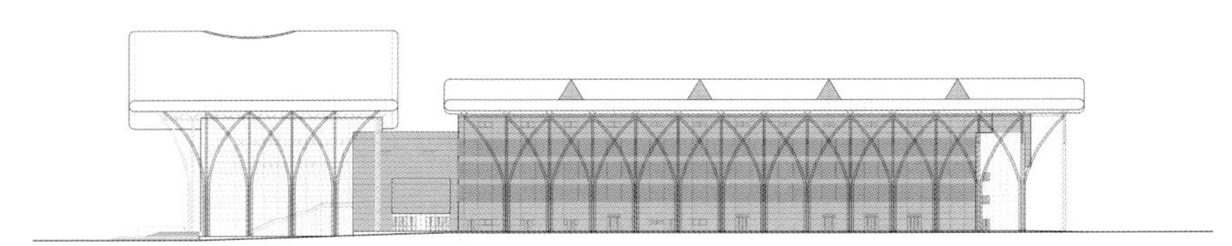

东立面图

通往D
To Area D

在技术设计上，我们合理解决了大空间的幕墙体系、大面积曲面金属屋面体系、大空间防火性能化设计等问题，这些问题也是本项目设计关注的重点。

中关村环保科技示范园 J03 科技厂房

2006 年 · 北京市海淀区

本项目地处北京市海淀区北部新区中关村环保科技示范园 J-03 地块，为办公类建筑，总用地面积 37 300 平方米，总建筑面积 60 892 平方米，其中地上 44 760 平方米，地下 16 132 平方米。建筑地上 5 层，地下 1 层。

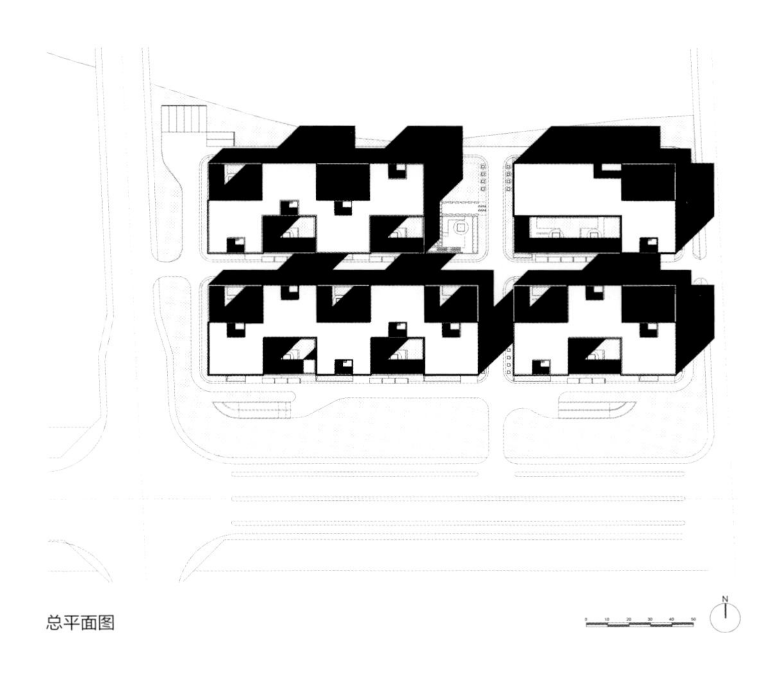

总平面图

中关村环保科技示范园作为统一规划、整体实施的生态、环保科技示范园区，先期已完成了大部分市政设施、景观绿化的建设工作。J-03 项目就坐落于非常优美的大片水系、绿地旁边，唯一需要关注的建筑是东侧毗邻、刚刚竣工的 J-07 项目。

在总平面设计方面，由于项目地处如此优美的自然环境中，再按常规设置所谓地块内公共绿地已无意义。因此，设计采用了“独门独院”的街巷式总体布局。本项目地上共分为 4 座沿内街布置的单体建筑，每座单体建筑由 2~5 个数量不等的标准办公单元组成，每个办公单元均拥有一个独立的、与建筑基底面积相等的室外庭院。每个办公单元设有独立的垂直交通系统、卫生间和机电设备用房，具有单独使用的条件。同时，若干个办公单元可以连通使用，具有较大的使用延展性和灵活性。

首层平面图

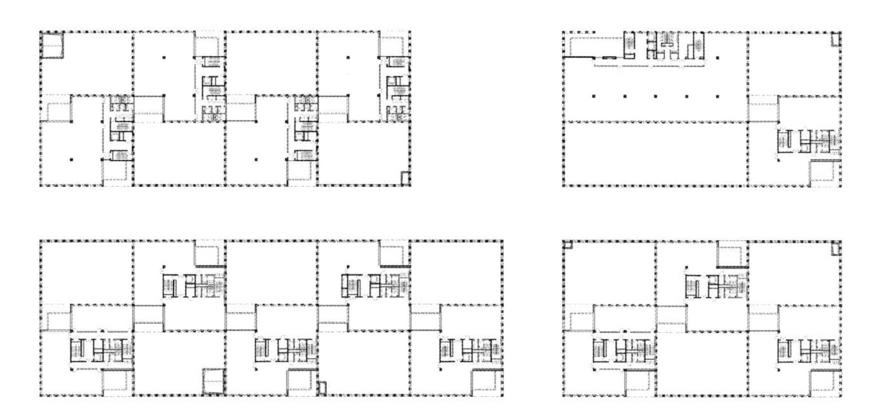

二层平面图

方案设计着重于办公环境的人性化、生态化设计。总体布局所采用的“独门独院”方式提高了办公单元的外环境品质。重要的是，室外庭院是可以被办公单元内的使用者充分享用的，而不仅是常规意义上的公共景观绿地。由于室外庭院是两面或三面建筑围合而成，临街面设置了两层高的镂空院墙，进一步强化了庭院的私有属性，使得使用者在庭院内活动时能有安全感和归属感。

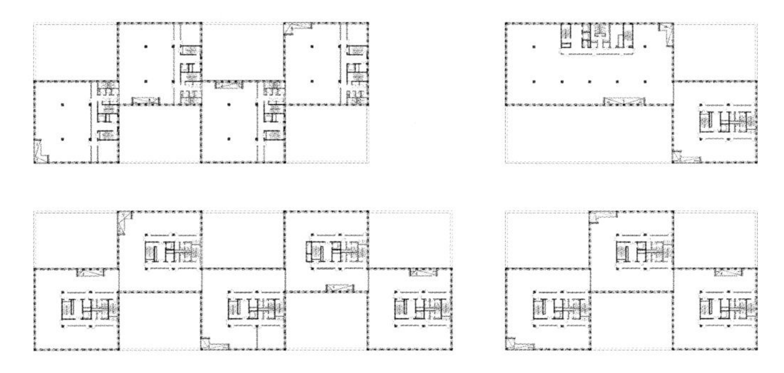

三层平面图

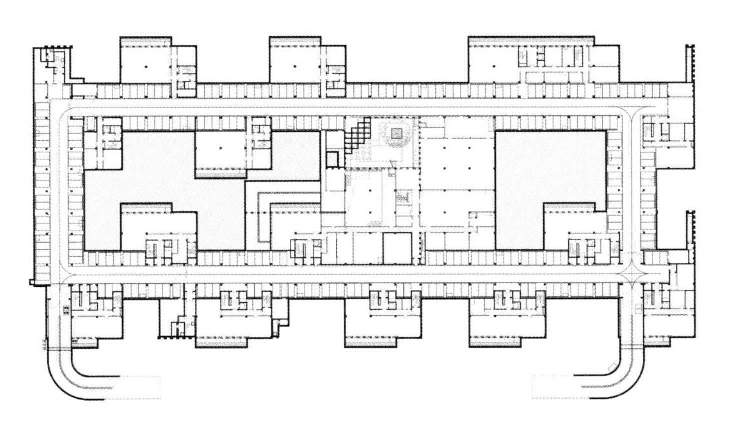

地下一层平面图

场地中央设有下沉式景观庭院，庭院层设置了员工餐厅等公共服务设施。

在室内空间设计方面，每个办公单元均设有两层通高的入口门厅和数量不等、位置不同的室内挑空休息空间及室外休息平台，为使用者提供了灵活、丰富的办公空间环境。

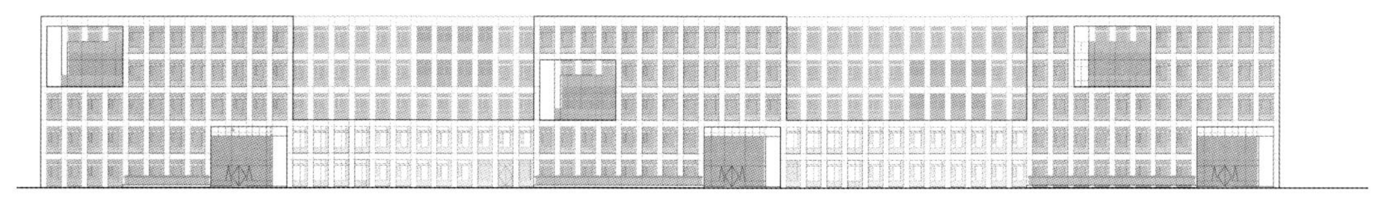

A 座南立面图

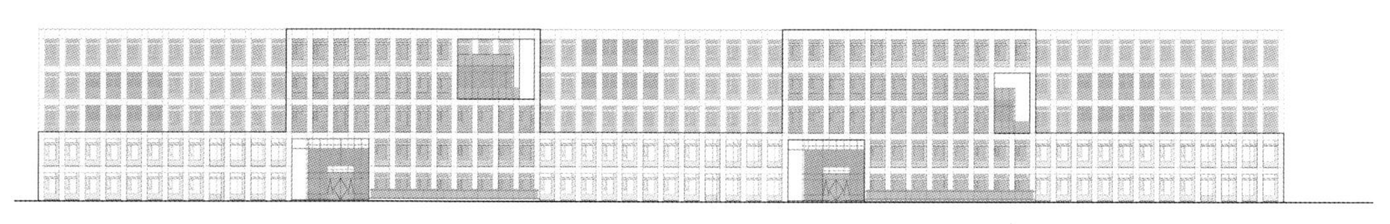

A 座北立面图

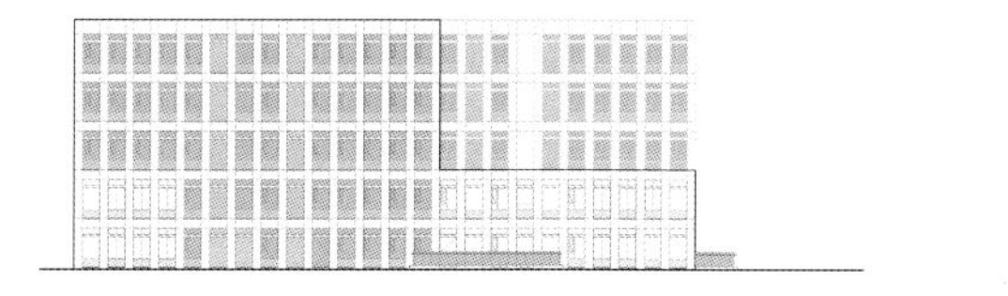

A 座东立面图

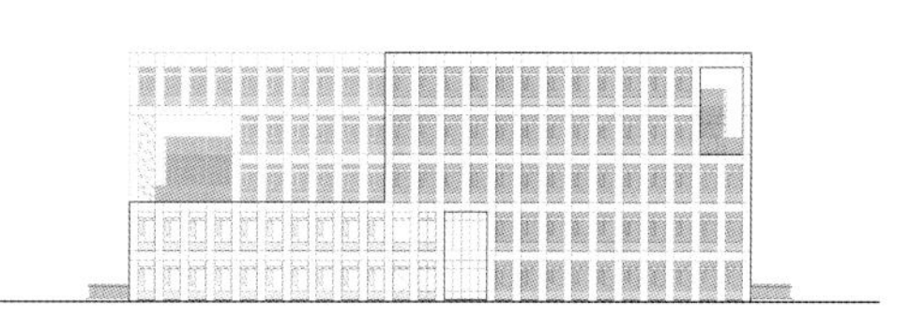

A 座西立面图

本项目受规划限高影响，在层高仅为 3.5 米的条件下，通过结构选型、优化机电系统等多专业共同努力，使办公空间室内净高达到 2.7 米，获得了最大的空间效益。

本项目建筑形式完全服从功能，简洁、克制。建筑立面以标准的窗单元形成肌理，注重细节刻画，形成平实、有品质的建筑形象。外墙主体采用现浇清水混凝土，局部结合与东侧 J-07 建筑外墙相同的暗红色劈离砖和玻璃幕墙。

在设计的各个阶段和施工阶段，建筑师与各专业共同配合，与清水混凝土墙体的设计施工单位配合，设计了清水混凝土与玻璃幕墙、砌筑墙体及面砖饰面、金属板等不同材质的交接节点，实现了较为理想的建筑外墙效果。

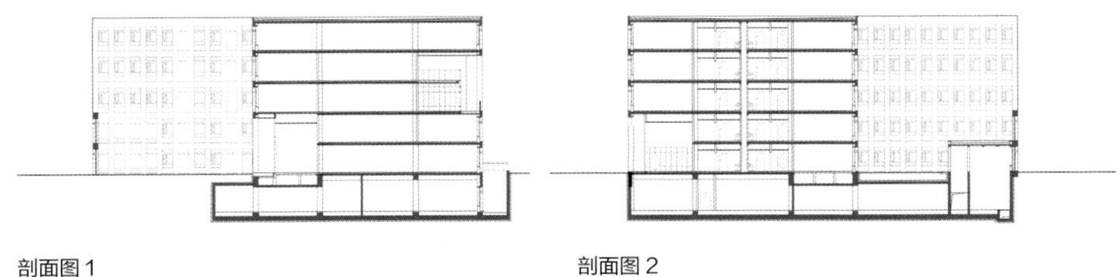

剖面图 1

剖面图 2

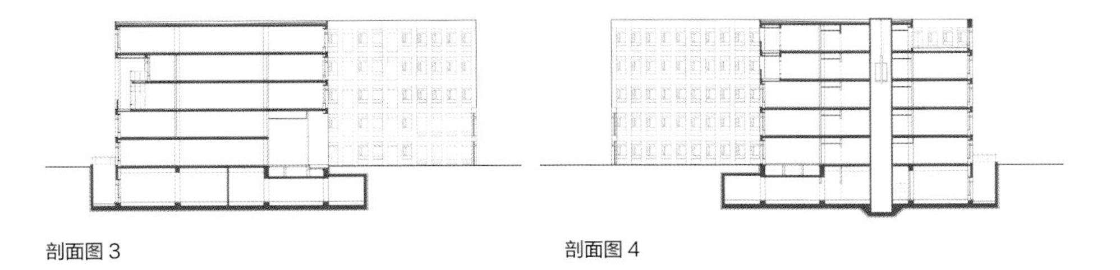

剖面图 3

剖面图 4

本项目园区主要道路全部采用透水砖铺装，各单体的中心庭院和下沉花园、主要景观绿地的雨水均可以回渗方式进入绿地，结合节能环保灯具、建筑内外环境设计，呼应了“环保科技园”的主题定位。

本项目实行限额设计，建筑专业与相关专业密切配合，将限额设计要求进行量化分解，并在不同阶段逐层控制，最终实现了既定限额设计目标。

船舶系统工程部永丰基地

2007 年 · 北京市海淀区

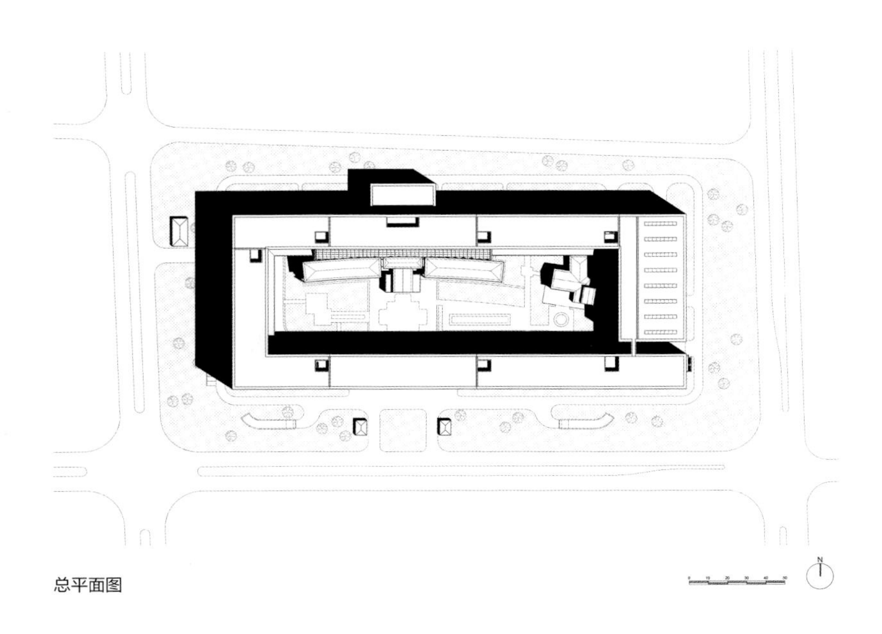

总平面图

船舶系统工程部永丰基地项目位于北京市海淀区中关村永丰产业基地内，紧临西山，环境优美。用地南临丰贤东路，北临丰德东路，东临永泽北路，西临永嘉北路。

本项目用地面积约 4.59 公顷，总建筑面积 64 225 平方米，其中地上总建筑面积 50 443 平方米，地下总建筑面积 13 782 平方米。项目建成后将主要用于科研办公、计算机模拟环境实验室的研发与生产，内部功能可分为公共服务、会议、科研办公以及实验等 4 大类，根据需要它们被分散布置于各层。

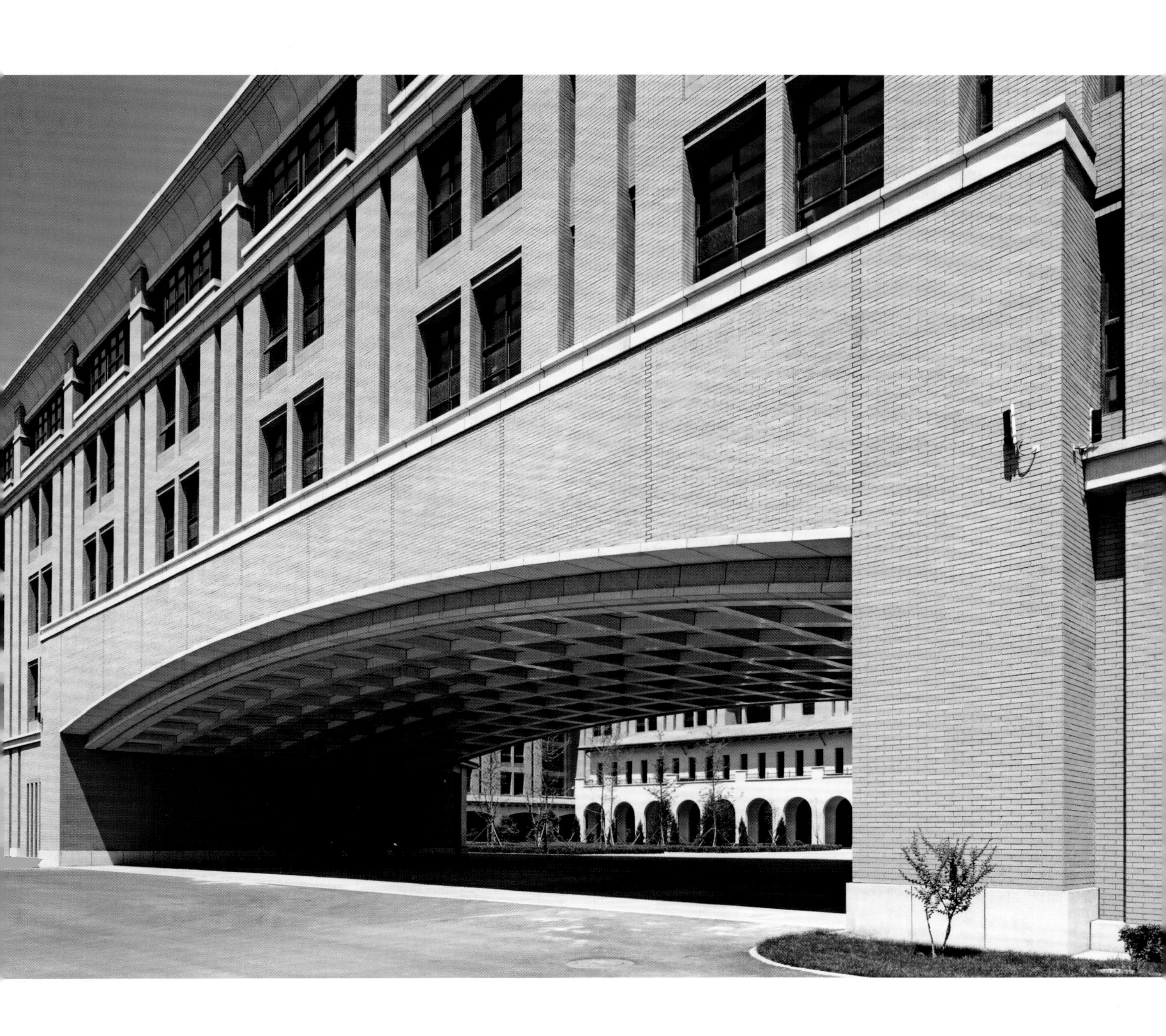

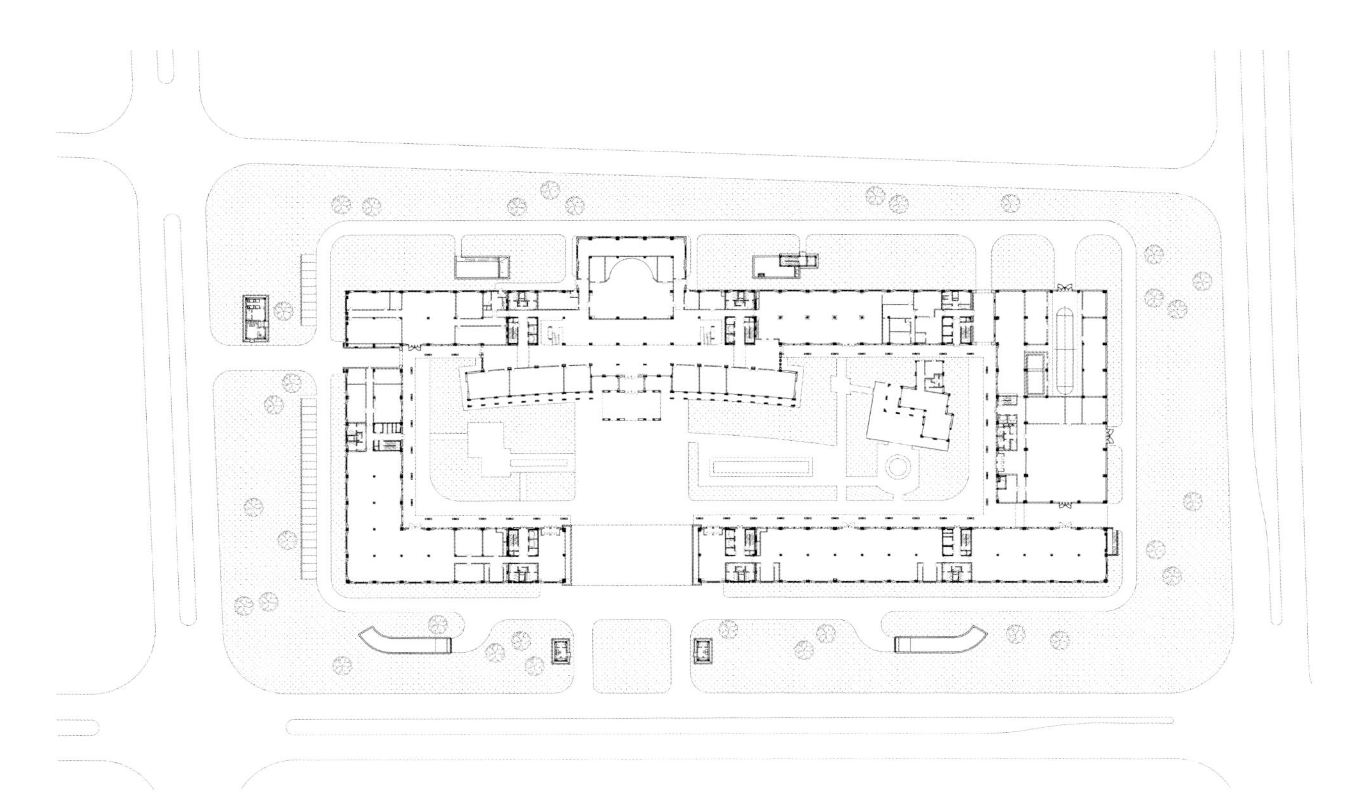

首层平面图

为满足使用者的需求，本项目顺应永丰基地的规划格局，采用“回”字形布局，对外形成整体的形象界面，对内形成宜人、私密的院落空间，营造了丰富有趣的空间格局。设计对内院进行深度刻画：在南立面设置大跨度门洞，将内院向外部打开；在庭院内布置檐廊、门廊等灰空间，进一步丰富了空间层次；并点缀以弧形会议区、亭式小餐厅等景观小品式建筑，为庭院增添了休闲、有趣的空间氛围，最终形成了外部严肃、内向活泼的建筑氛围。

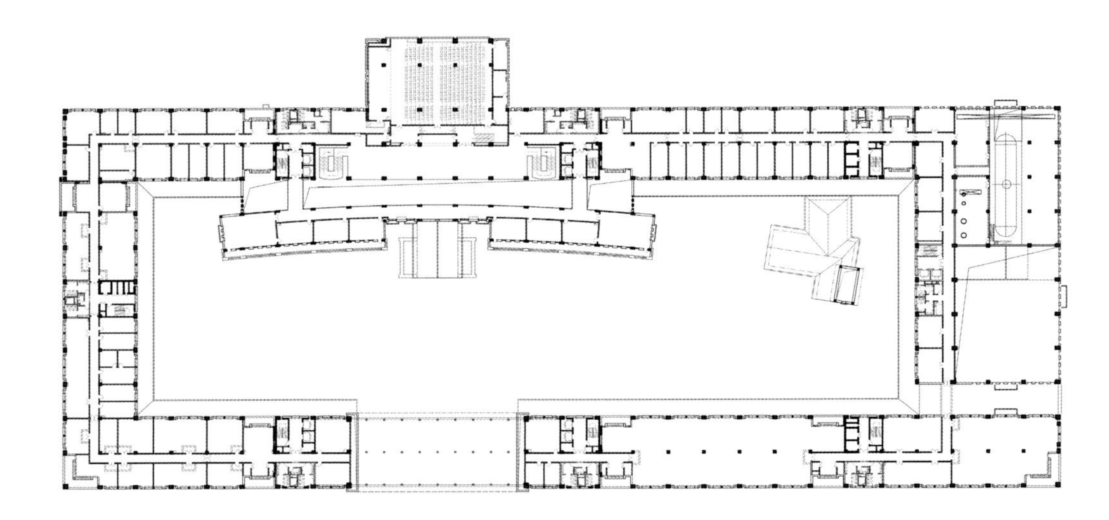

二层平面图

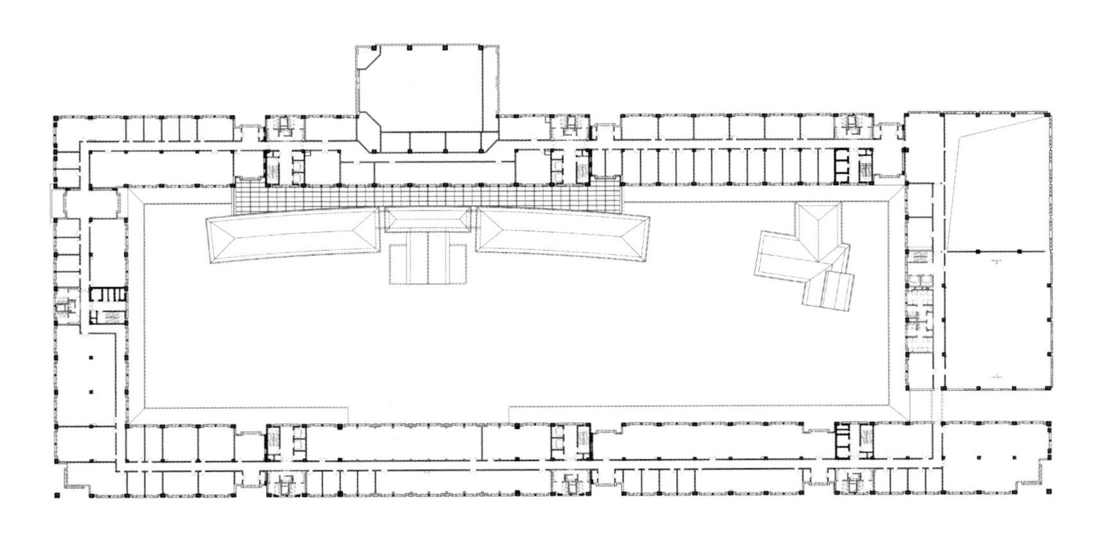

三层平面图

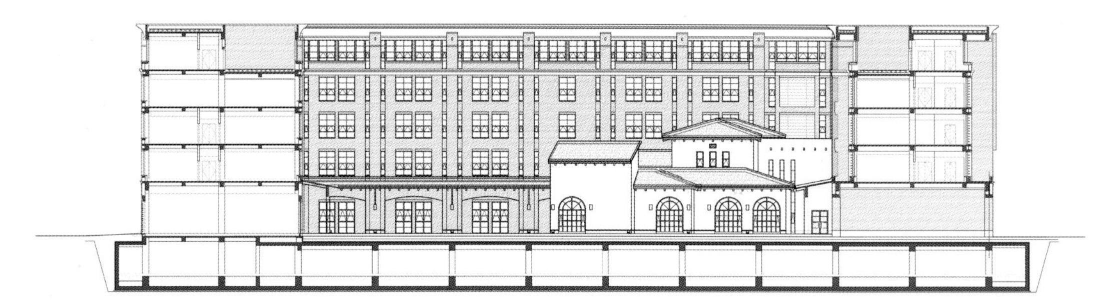

剖面图 1

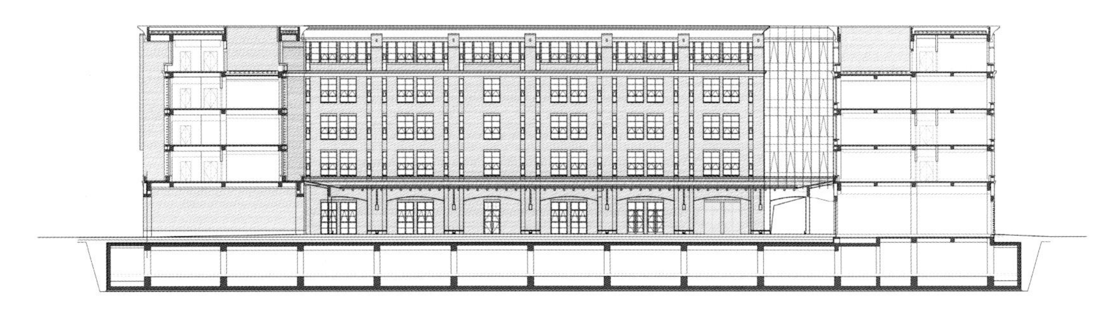

剖面图 2

在完整、方正的形体下，设计对细部进行雕琢，以细腻丰富的细部为建筑增添人文属性。建筑立面装饰材料主要运用浅黄褐色陶土砖局部结合浅色石材线脚，突出表现砖饰的温暖细腻。此外，红瓦坡顶、拱券等传统建筑元素也被运用于内院，建筑风格更加多元，体现出传统与现代相融合的形象。

项目将形体关系逻辑延续到了景观设计中，在建筑外部形成简洁的城市化景观，内部营造活跃的庭院化景观。建筑外部以连续起伏的微地形草地为主要元素，以此作为建筑与园区环境、城市环境对话的平台。建筑的内部庭院则采用了自然的景观设计手法，乔木、草地以及木质的平台、喷泉构成了内向、安静、质朴，并富有生命力的场所空间。另外，在内院的 5 层还布置有 8 个开敞式屋顶花园，建立了立体的景观体系，进一步丰富了内院的景观层次。

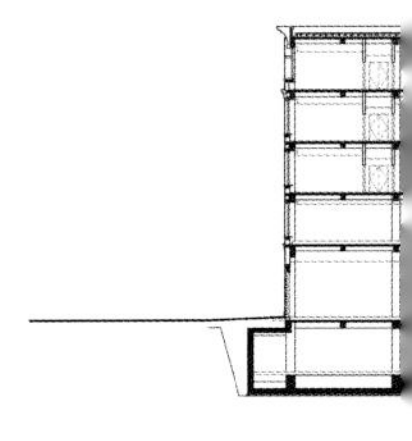

剖面图 3

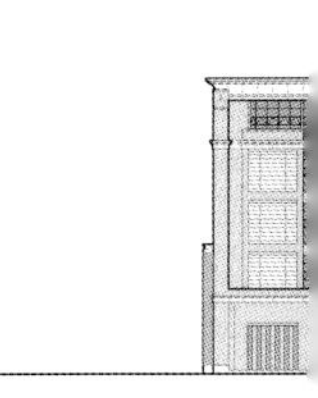

南立面图

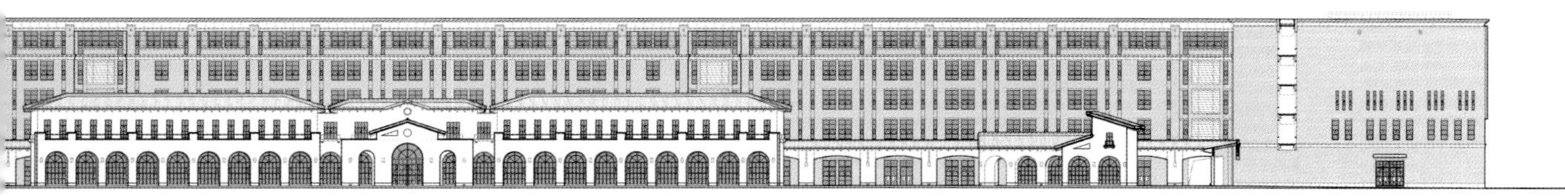

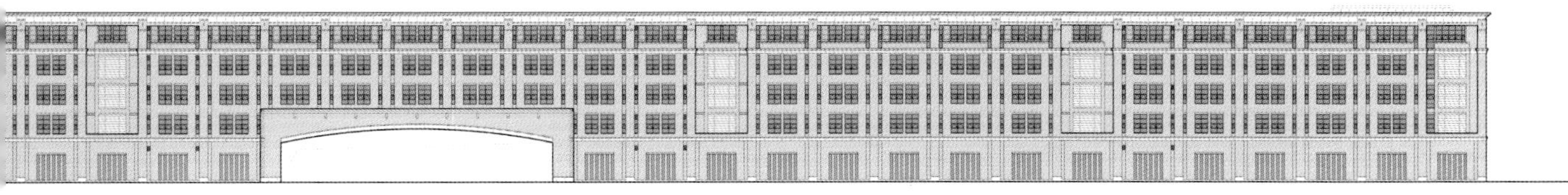

在生态设计方面，本项目也做出了一些积极的尝试。我们首先采用院落式的平面布局，形成良好的采光、通风条件；同时，在设计中还采用了雨水回收利用、太阳能利用、热回收利用等多种生态、节能设计的方法。

北京亚太大厦装修及外立面改造工程

2008 年 · 北京市朝阳区

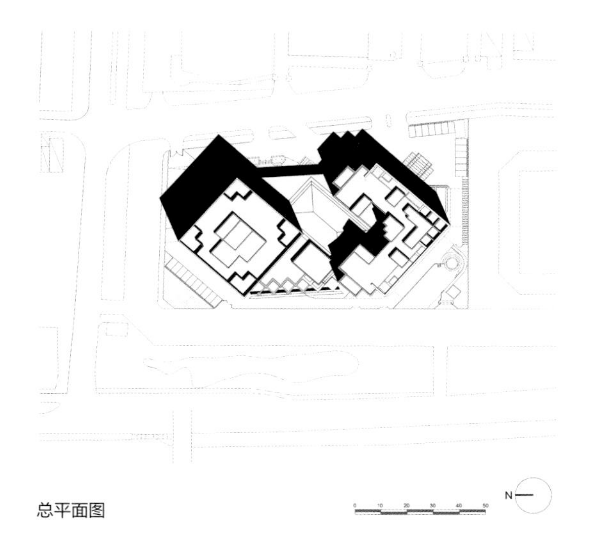

总平面图

北京亚太大厦装修及外立面改造工程位于北京市朝阳区雅宝路，用地北侧为雅宝路，西侧为东二环辅路，东侧为西七圣庙街，主要功能为办公、公寓。

原建筑建成于 20 世纪 90 年代初期，包括 1 栋写字楼和 1 栋公寓，至改造项目实施时已使用了 20 多年。由于当时建筑的状况已无法满足使用需求，并且原有建筑的造型、色彩也相对繁复，与周边城市风貌冲突且不符合现代金融办公建筑的特征。为了提升室内外环境的品质，我们开展了项目的外立面及室内局部的装修改造工作。

亚太大厦

经过对工程外立面进行彻底改造，原有外围护结构及外窗被全部拆除，更换为石材、玻璃幕墙和外保温涂料墙面。在室内部分，办公楼的公共部分被重新装修，机电设备全部更新升级。

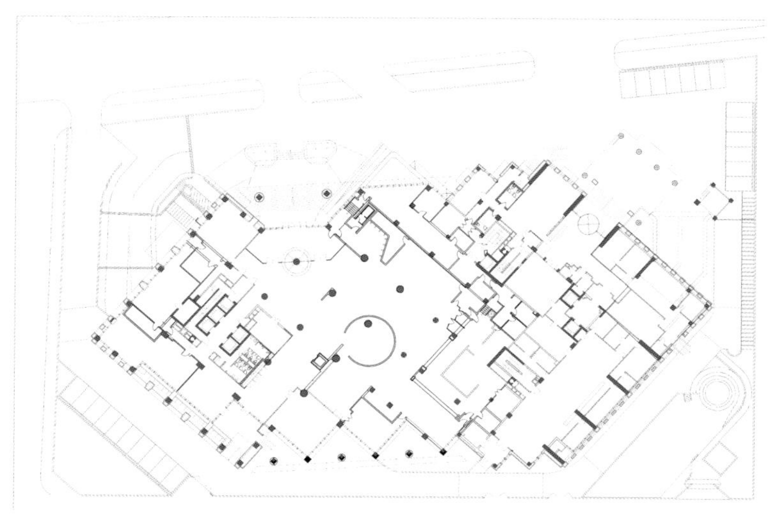

首层平面图

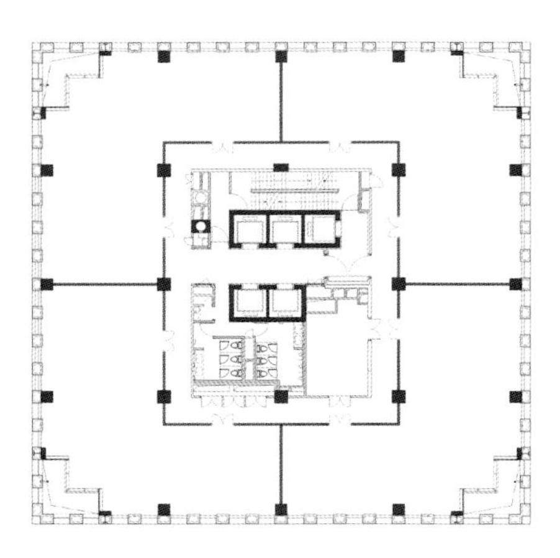

标准层平面图

在外立面改造上，设计的核心理念是集零为整。裙房、办公楼及公寓东南和西南立面是建筑的主立面，采用石材－玻璃幕墙体系，改善了原有的零散形象。公寓东北和西北立面相对次要，采用仿石涂料与窗单元相结合的改造方式，在兼顾经济适用的同时与主立面保持协调一致。重塑后的建筑造型简约、稳重大气，材料、构造精致，成为与该地区城市风貌相协调的标志性建筑。此外，设计还在办公楼的角部每两层增设了室外平台，将原有建筑遗留的消极空间转化为可供人休憩的观景平台。改造后的外立面既是形象展示面，又是可供人休闲的空间。

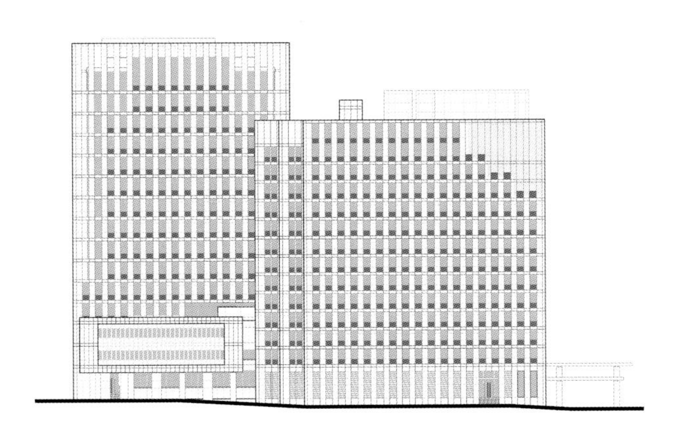

西南立面图

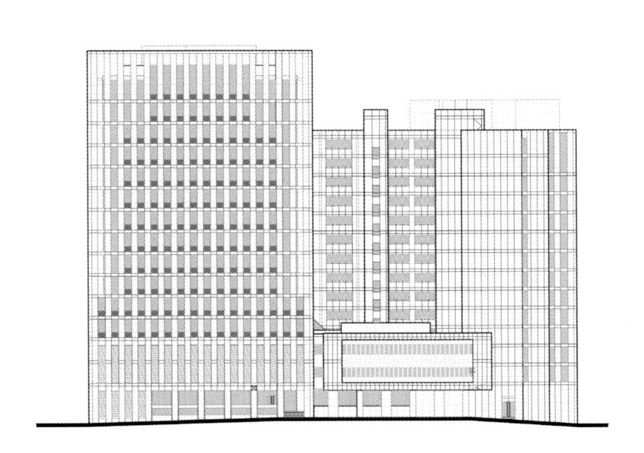

西北立面图

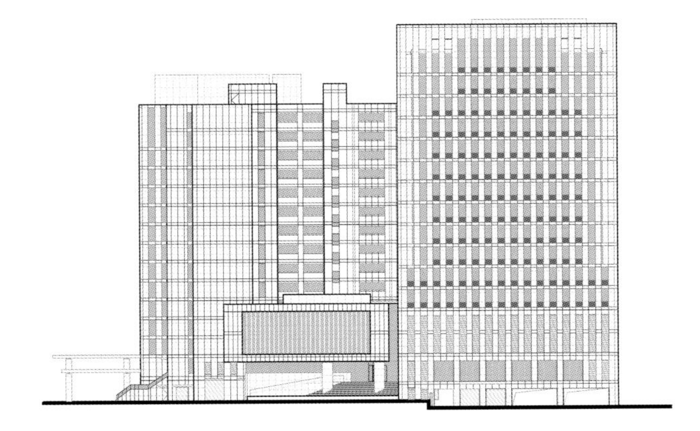

东北立面图

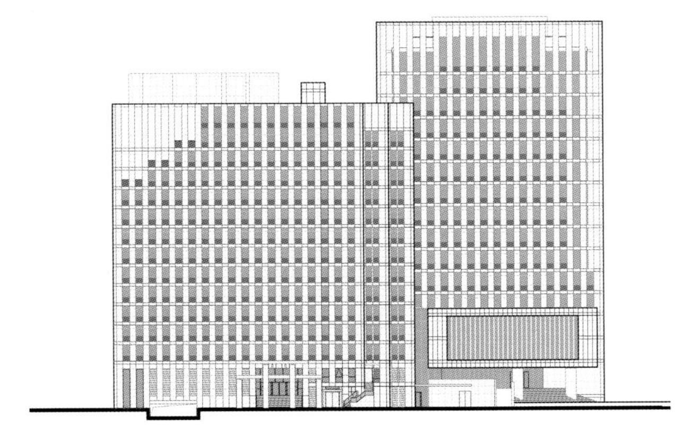

东南立面图

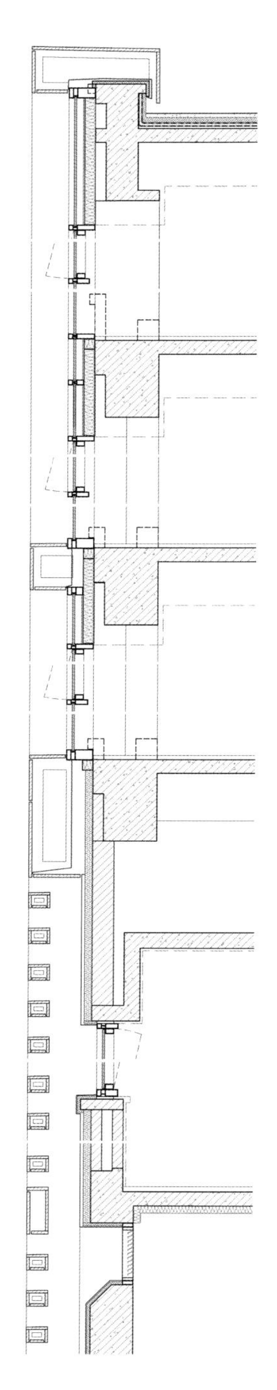

节点详图

在内部改造上，设计的重点是提升室内空间的品质。设计延伸室外设计手法，实现了内外统一的可识别性。新的外墙和机电系统大大改善了室内的热工性能、采光通风条件，从而提升了建筑的整体品质。

在优化建筑造型以及室内品质的前提下，设计还采用了一系列节能措施，保证建筑长期高效运行。设计采用的石材－玻璃幕墙不仅可以优化立面效果，而且可以有效控制窗墙比，在改善办公空间和起居空间室内光环境的同时，提高建筑的热工性能。同时，在建筑的西南、东南立面上还设置了电动外遮阳百叶，在夏季时能够有效减少空调能耗。

通过一系列的整体改造，如今的亚太大厦在北京东二环建国门至朝阳门地区，犹如换了一身合体的正装，和左邻右舍和谐相处。同时给室内也更换了一套精致的内衬，以适应人们对新时代办公空间、公寓的使用需求。

西长安街 10 号院新建工程

2009 年 · 北京市西城区

本项目位于北京市西长安街 10 号院，在中南海新华门的正南侧。项目用地北临长安街，东临国家大剧院，西侧为北京音乐厅，南侧为北京老城区四合院片区。

在规划方面，本项目因地处首都核心地段，位置特殊，对建筑高度、风貌均有严格限制，且原院墙为文物，需保留，因此采取了“整体消隐”的规划设计策略，3 栋单体建筑沿长安街一字排开，并与新华门呈轴线对称关系。建筑高度控制在 3 层，从长安街东西方向街景角度，

总平面图

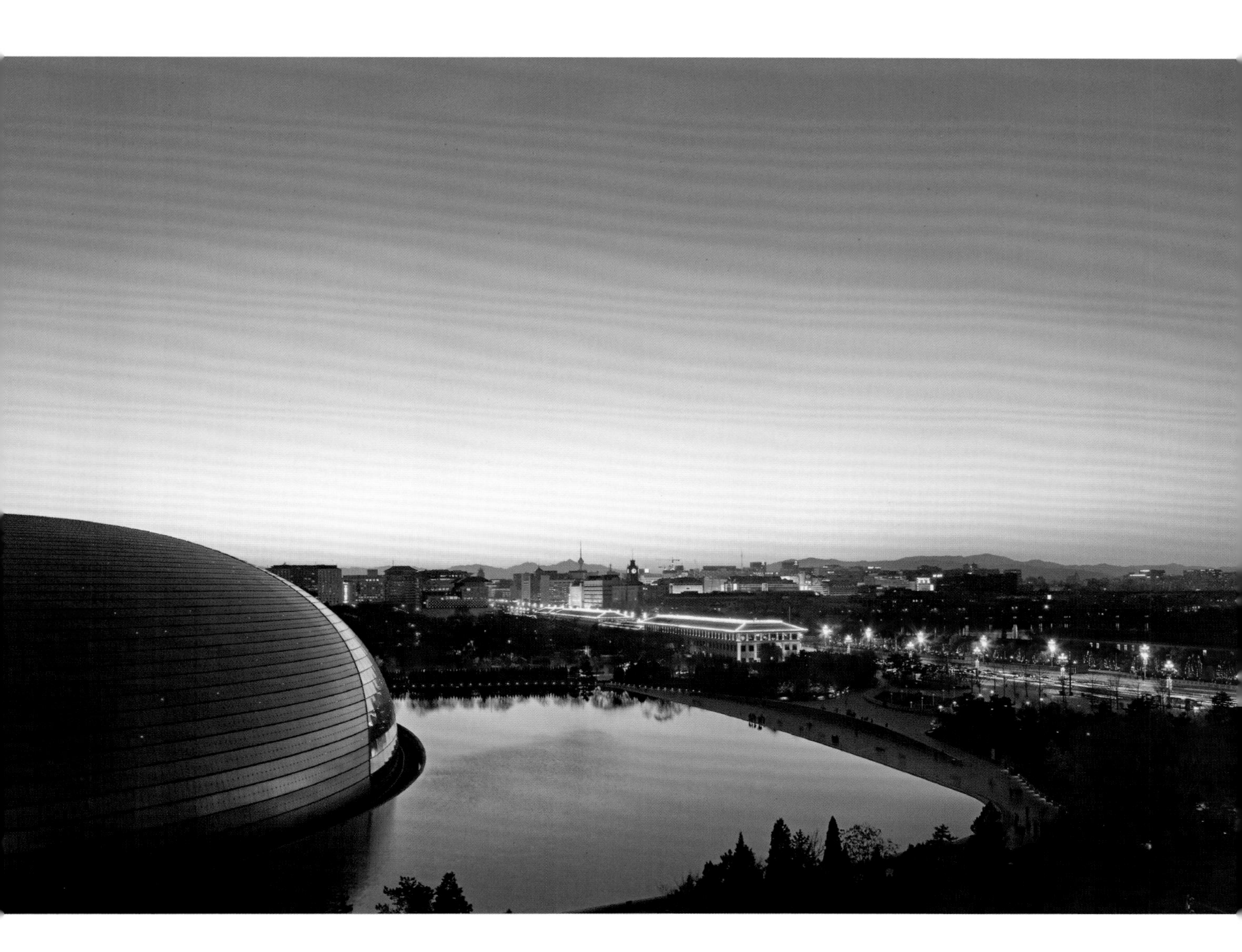

基本仅能看到保留的文物院墙、建筑的顶层和屋顶部分。由于项目所处位置对建筑第五立面要求很高，因此我们对建筑的屋面做了精细化设计，采取与周边建筑相呼应的披檐屋顶形式，覆以灰绿色琉璃瓦，形成舒展平缓的建筑街景轮廓线及完整清晰的顶视效果。建筑外墙材料以灰色石材为主，风格力求稳重内敛。

在生态设计方面，本项目兼顾空间利用与绿色节能。屋顶层、屋面架空层形成的室内外缓冲层能有效减少阳光的热辐射，达到节能的目的。同时，设计形成的完整屋顶平面能够用作室外设备合理的安置空间。此外，为减少长安街交通噪声对使用房间的影响，建筑外窗采用双层中空玻璃，隔声要求能达到 35~40 分贝。

在景观设计方面，由于用地极为紧张，整个院区在满足日常使用功能的前提下，采用绿地、绿篱结合的景观设计手法，尽可能提升室外环境品质；同时在场地上选择合适的位置种植高大的观赏性乔木，形成立体的绿化效果，丰富了景观空间层次。

北立面图

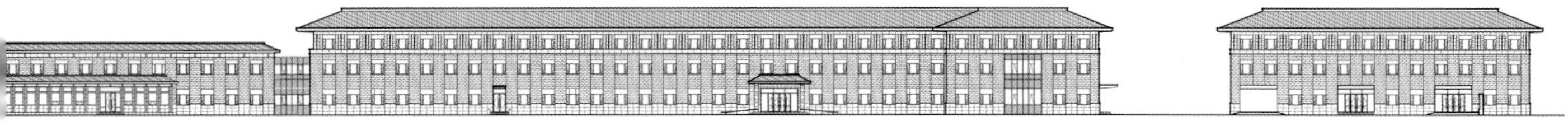

北京低碳能源研究所及神华技术创新基地

2009 年 · 北京市昌平区

本项目位于北京市昌平区未来科学城，是整个园区第一个开工建设并投入使用的项目，对整个区域发展具有积极的示范作用。

本项目总规划用地面积 41.65 公顷，总建筑面积 325 354 平方米。因场地面积大、功能复杂，本项目以构建科研园区体系为基础，在整体概念、分期规划及功能需求方面层层递进。

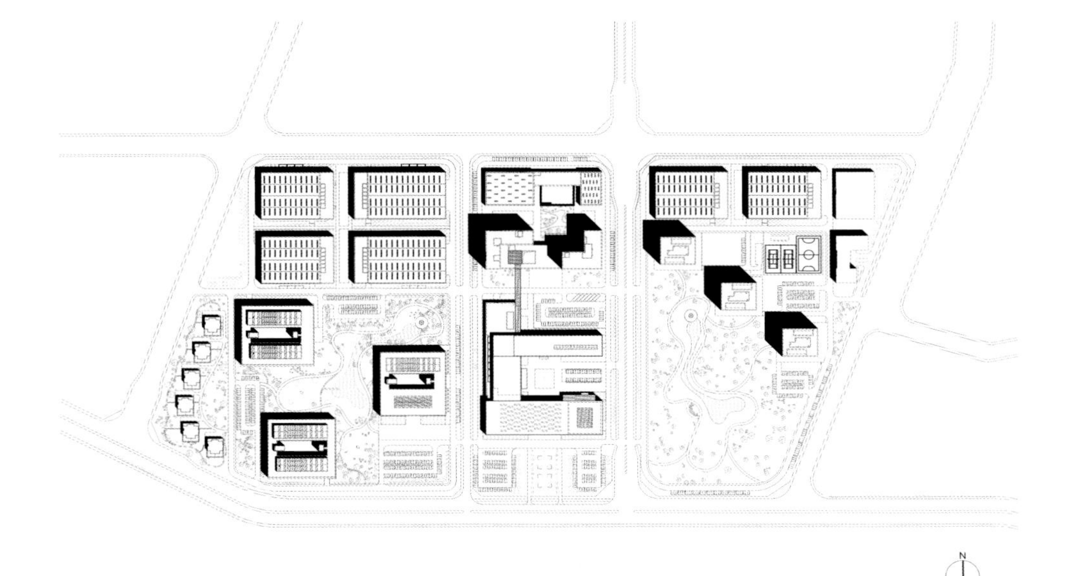

总平面图

神華集團
SHENHUA GROUP

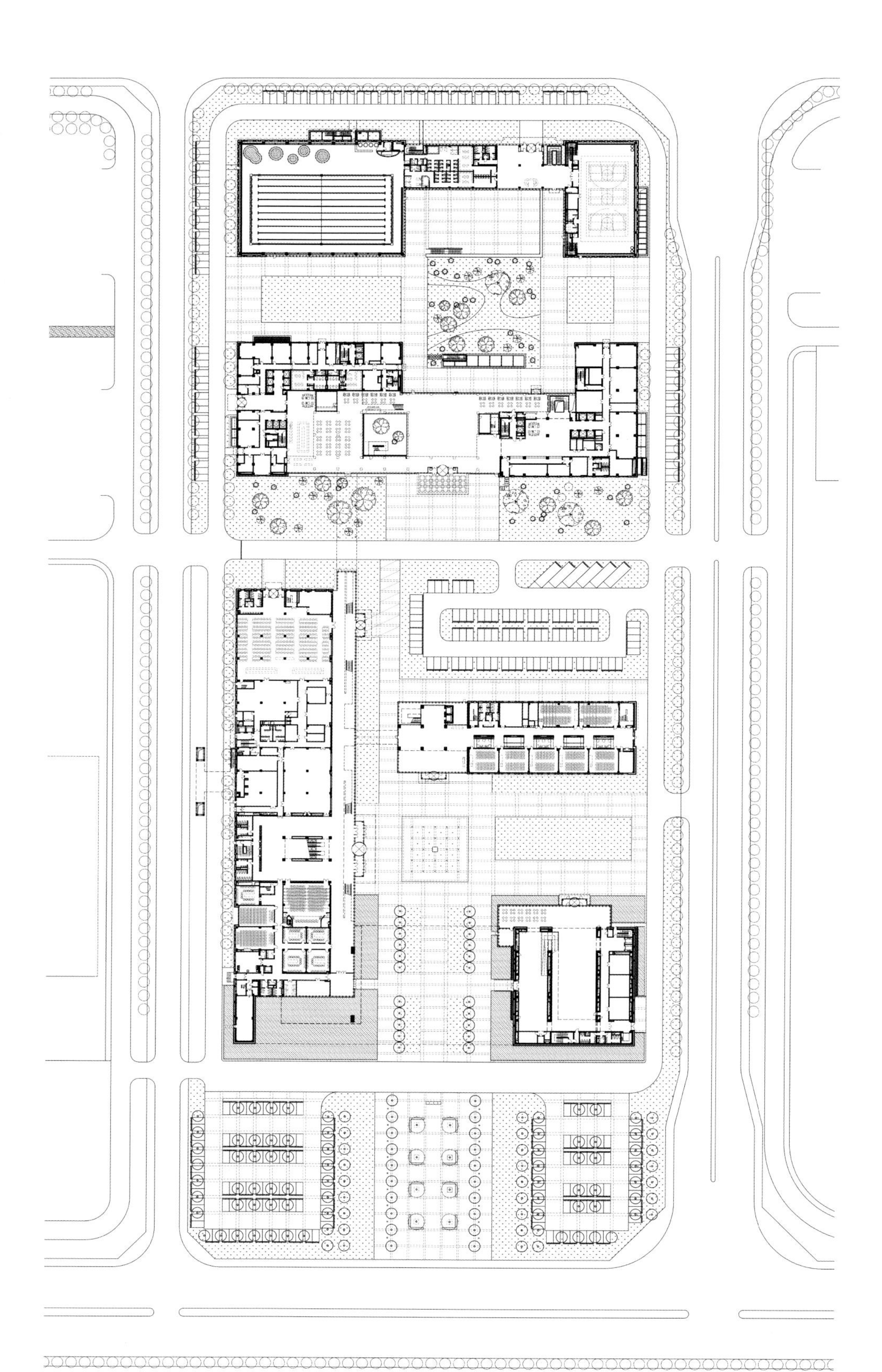

首层平面图

在整体概念方面，本项目形成“一轴两翼”的规划构思：以位于场地中央的神华学院为中轴，以低碳能源研究所、神华研究院为两翼，共同构成园区基础的骨架结构。同时，本项目以“林海浮岛”为主要设计意象，将规划构思深入景观及建筑层面，以“林海”为纯自然园林景观的特征、以“浮岛”为建筑外部空间意象，以“岩石”为建筑造型意象，共同塑造出本项目绿色自然的气质形象，以厚重大气的整体形象回应园区和城市。同时，为回应绿色低碳的项目性质，本项目采取主动式生态技术与被动式生态技术相结合的设计策略，通过应用新能源技术、地源热泵技术、雨水回用技术、热压通风设计、建筑外遮阳系统等，力求成为可持续建筑的范例。

职工宿舍标准层平面图

在建设规划方面，本项目按照“一次规划，分期建设”的思路，一期已经建成 11 个子项工程，包括：科研 1# 楼及 D1# 研究单元（101）、D1# 实验车间（104）、专家楼（108）、科研 3# 楼（301）、教学楼（302）、职工健身楼（303）、神华展厅（304）、职工集体宿舍及配套（305）、科研 2# 楼及图书档案馆（201）、后勤楼（306）、动力中心（401），初步形成了完整的科研园区体系。

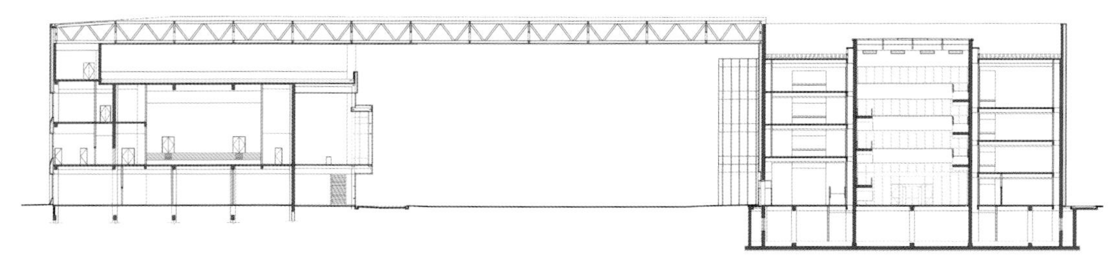

剖面图 1

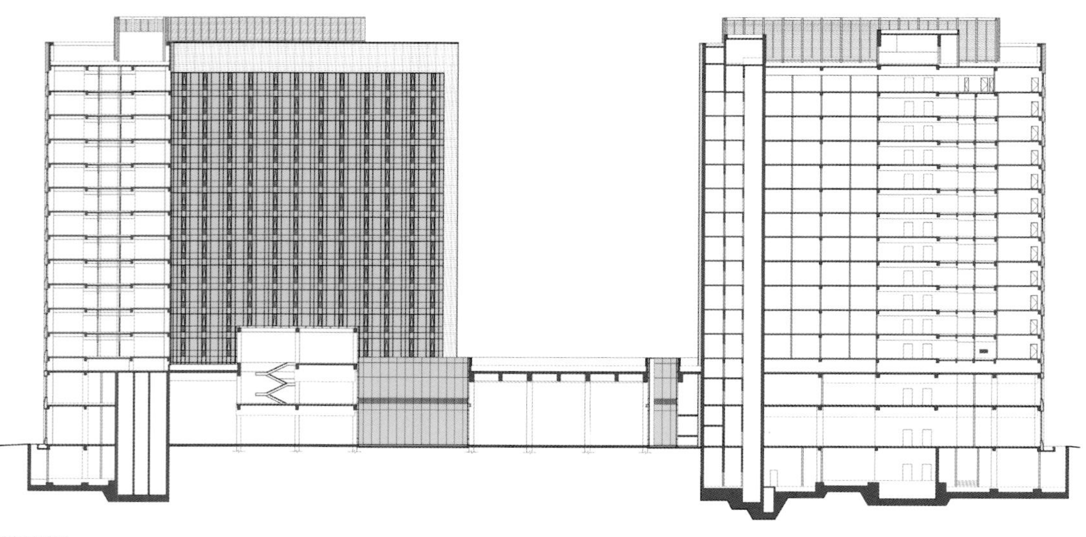

剖面图 2

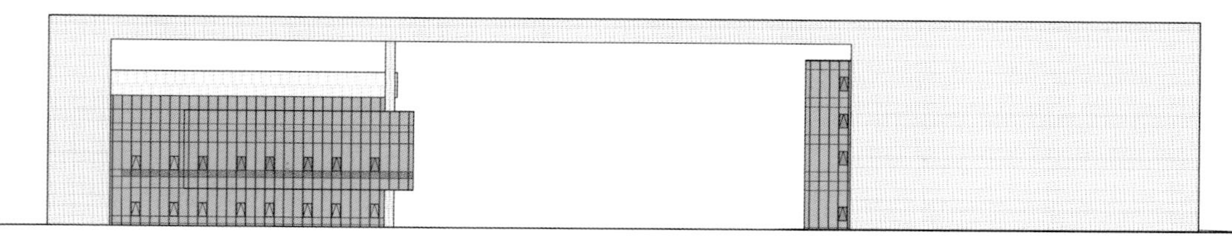

主入口南立面图

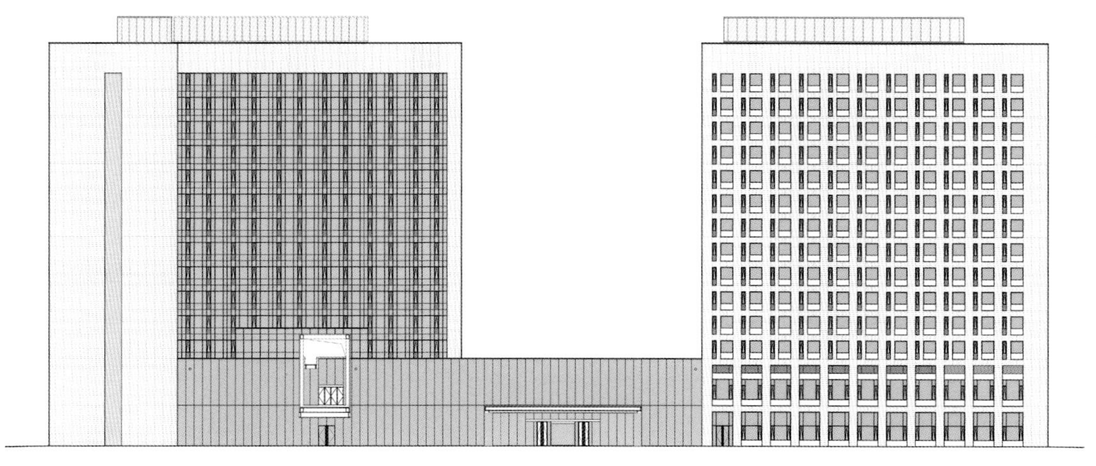

职工宿舍及配套南立面图

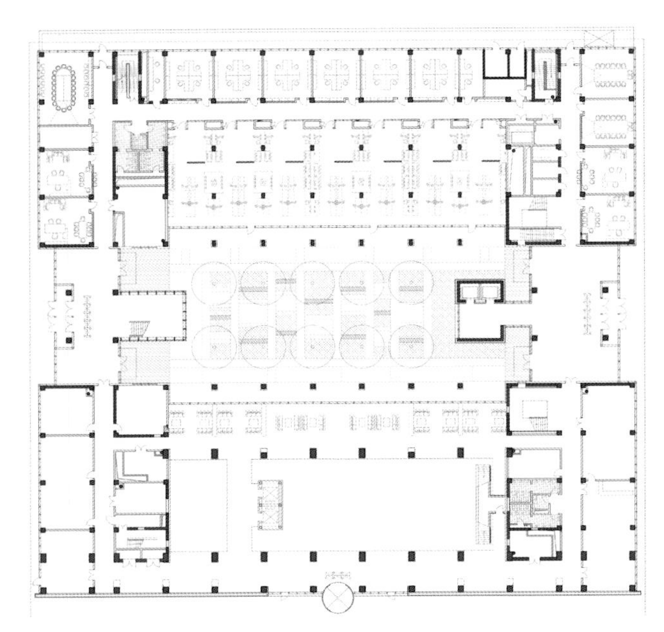

低碳能源研究所首层平面图

低碳能源研究所标准层平面图

神华集团有限责任公司
SHENHUA GROUP CORPORATION LIMITED

低碳能源研究所东立面图

低碳能源研究所南立面图

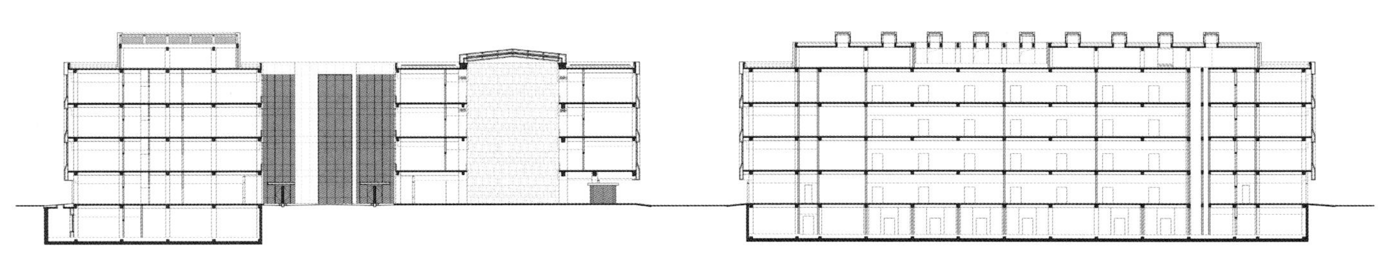

低碳能源研究所剖面图 1

低碳能源研究所剖面图 2

在功能需求方面，本项目在充分了解使用方需求的基础上，通过技术整合与前瞻性研究，为业主提供了高品质的先进研发空间。其中，“科研 1# 楼及 D1# 研究单元”（101 子项）作为通用化工类研发实验平台，在功能布局、实验工艺条件配置、安全与环保性方面均达到了国际先进水平；“D1# 实验车间”（104 子项）作为化工类中型实验室，其空间尺度与实验工艺配置条件可满足由实验室研究规模向中试规模的转化需求；“科研 2# 楼及图书档案馆”

（201、202 子项）作为通用研发建筑，在建筑空间布局、信息化程度、数据交换与存储等方面均满足了神华研究院的研发要求。 与此同时，作为一个大型的科研园区，本项目还配备了满足教学、会议、展览需求的功能空间，以及服务员工的宿舍、健身空间等。

总体而言，本项目通过在节能环保、绿色低碳、人性化与内部交流空间等方面的重点设计，呼应了本项目在未来科学城中的定位，提升了整个园区的建筑品质。

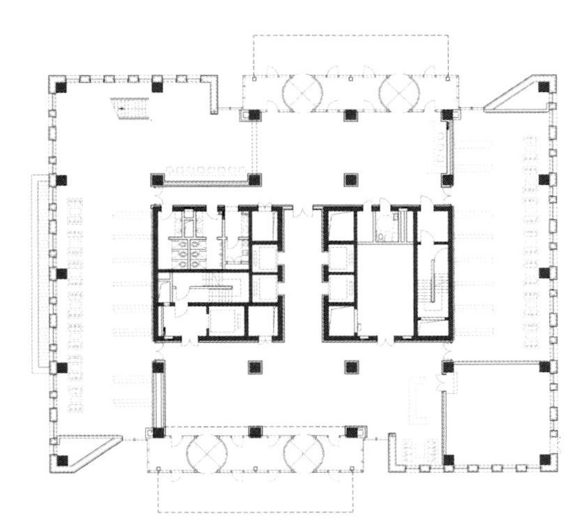

神华研究院首层平面图

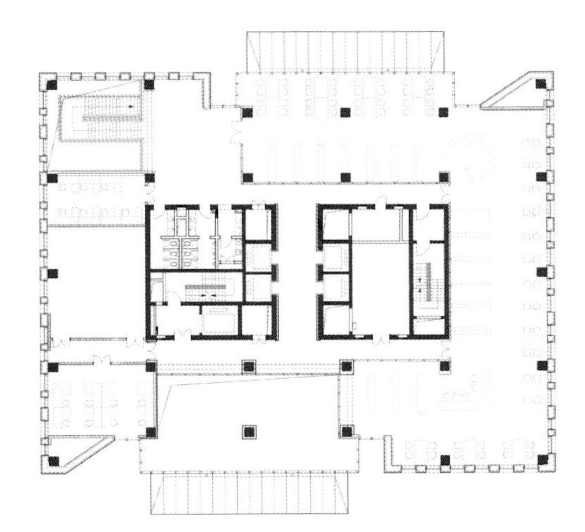

神华研究院二层平面图

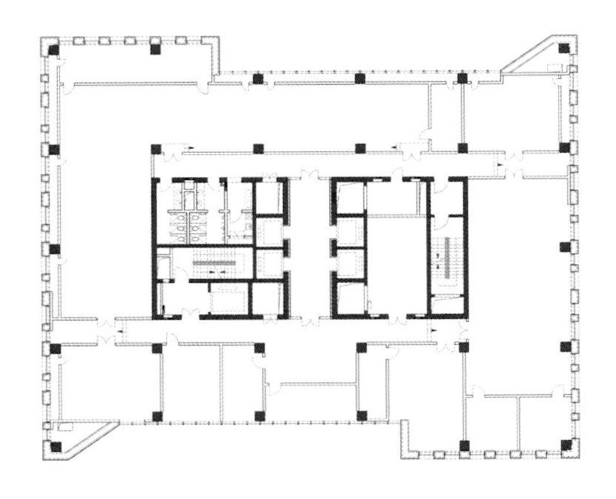

神华研究院标准层平面图

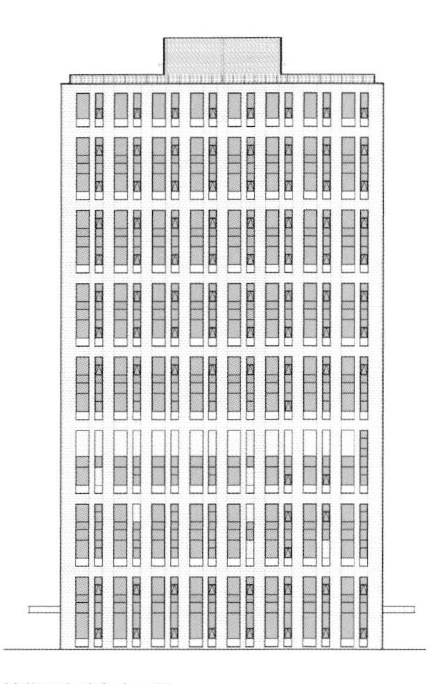
神华研究院东立面图

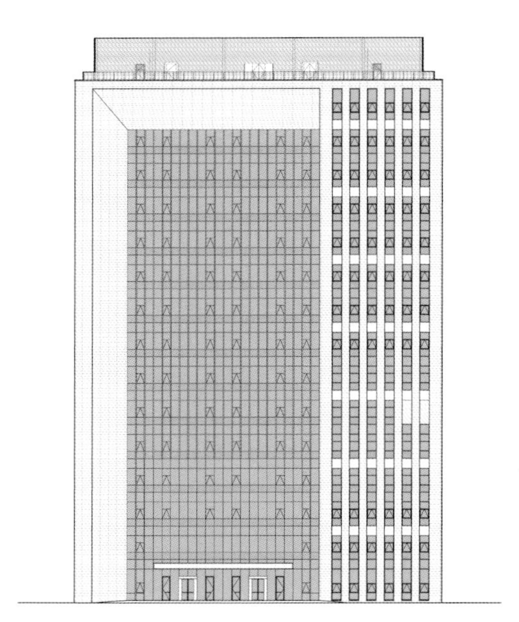
神华研究院南立面图

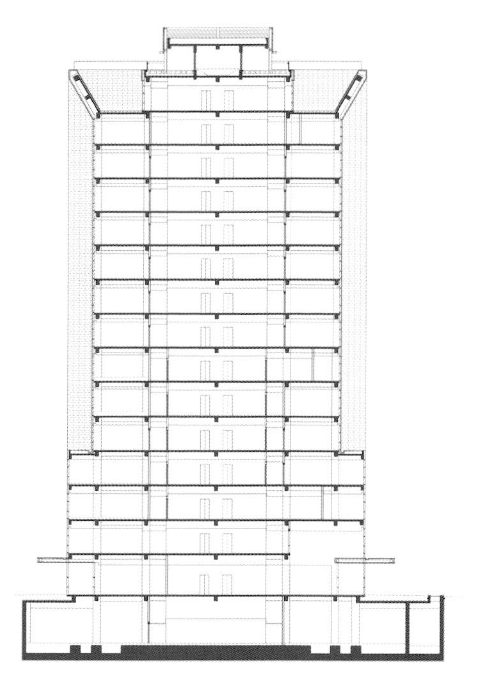
神华研究院剖面图

国电新能源技术研究院

2010 年 · 北京市昌平区

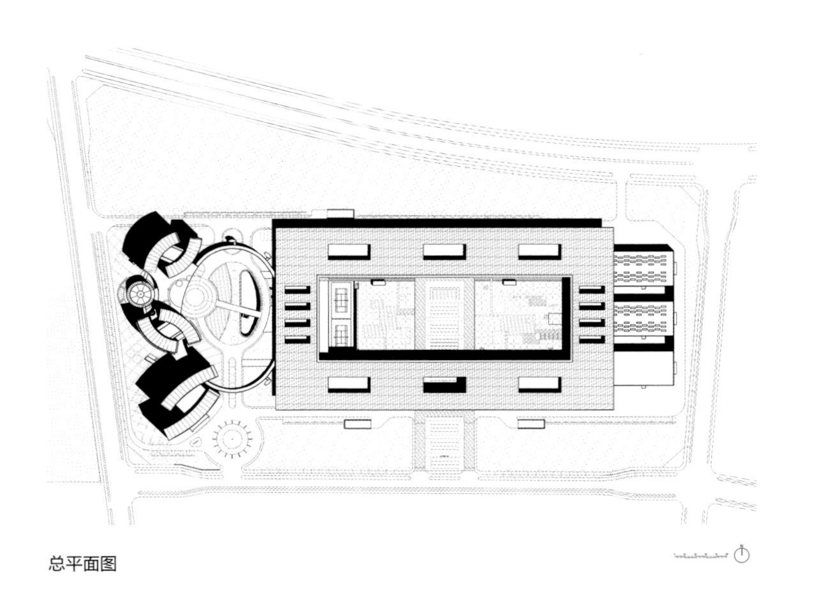
总平面图

本项目用地位于北京市昌平区未来科学城内西北角地块，园区总用地面积 14.19 公顷，总建筑面积 243 100 平方米，其中地上建筑面积 194 100 平方米，地下建筑面积 49 000 平方米。国电新能源技术研究院由 8 个研究所、会议中心、培训楼、预留发展楼、科研楼和配套公共设施构成。

101

在功能组织上，设计将复杂的功能与多样的建筑类型进行整合，形成了整体化的建筑布局。本项目以研发单元的形式整合了 8 个研究所的研发楼、实验楼和试验厂房等用房。整个园区被划分为东、西两个部分，东侧为研发实验区，是整个园区的核心；西侧为配套附属设施。

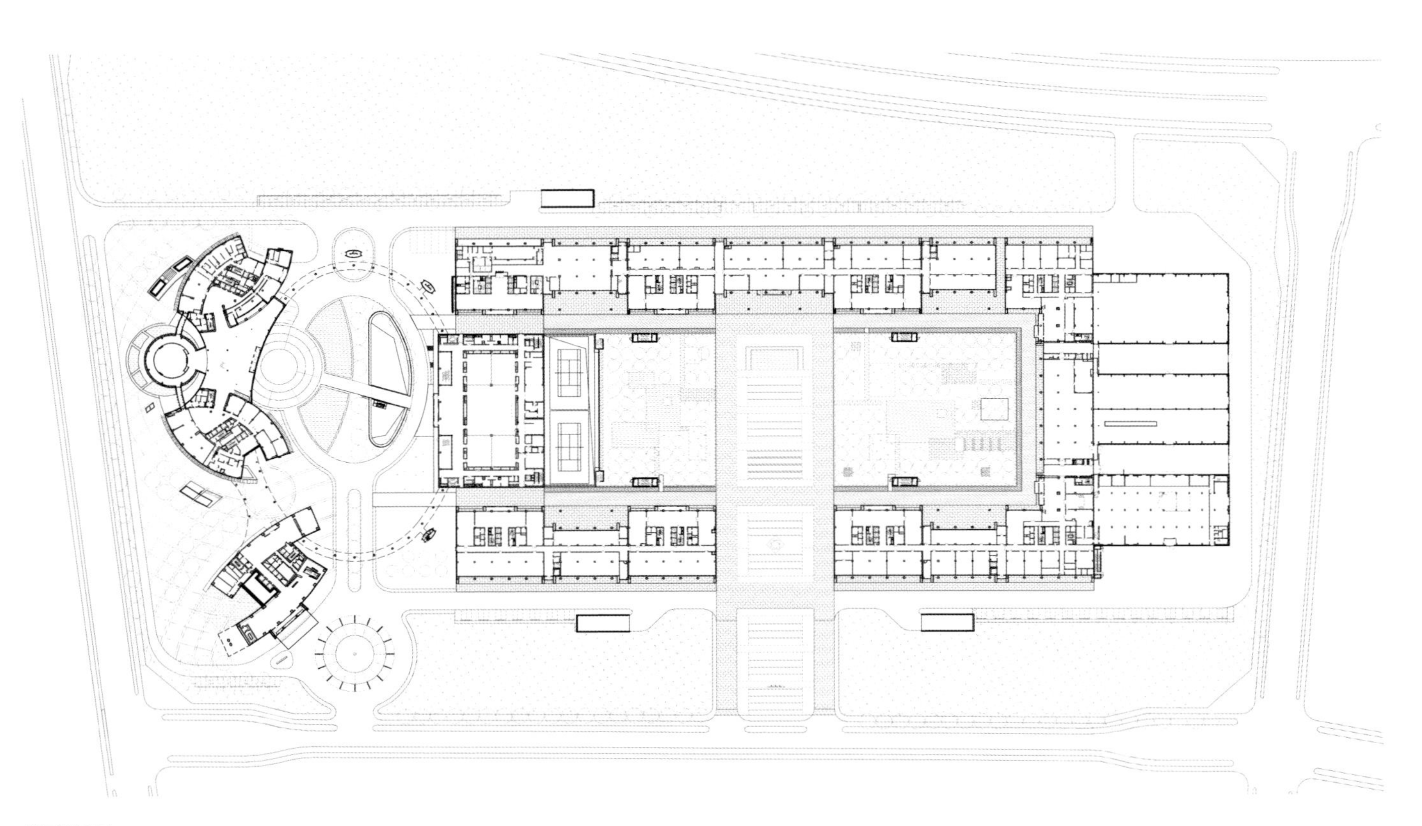

首层平面图

在形体与空间的设计上，本项目通过研究各种入驻单位的研发活动的工艺流程和使用者的工作模式，创造了一系列丰富的室内外建筑空间以及整体统一的外观形象。主体建筑由 7 栋研发楼、1 栋培训楼相互连接组成，东侧配有 3 栋大型中试车间，西侧辅以研究活动所需的会议中心。此组建筑群共同围合成一个矩形庭院，建筑单元高低错落，形成的屋顶平台为工作人员提供了更多交流、休息空间，营造了安静内向的研发环境。建筑主体采用单元化的模式，内部面向内院一侧为实验人员的数据处理区，同层面向外一侧为实验研发区，各单元之间通过放大的走廊形成内部的洽谈交流空间，整个建筑屋面通过太阳能光伏电池板将屋顶统一起来，既达到了建筑可持续发展的效果，也画龙点睛地丰富了建筑群的整体形象。园区西侧布置了 3 座弧线母题的科研楼，自由的布置方式与西侧温榆河景观遥相呼应。建筑围合成的田园式景观庭院营造出轻松自由的环境氛围，并与主体矩形庭院相互连通，互相渗透，丰富了景观层次，进一步营造了宜人的环境，也为科研人员创造了各层级的室外交往空间。

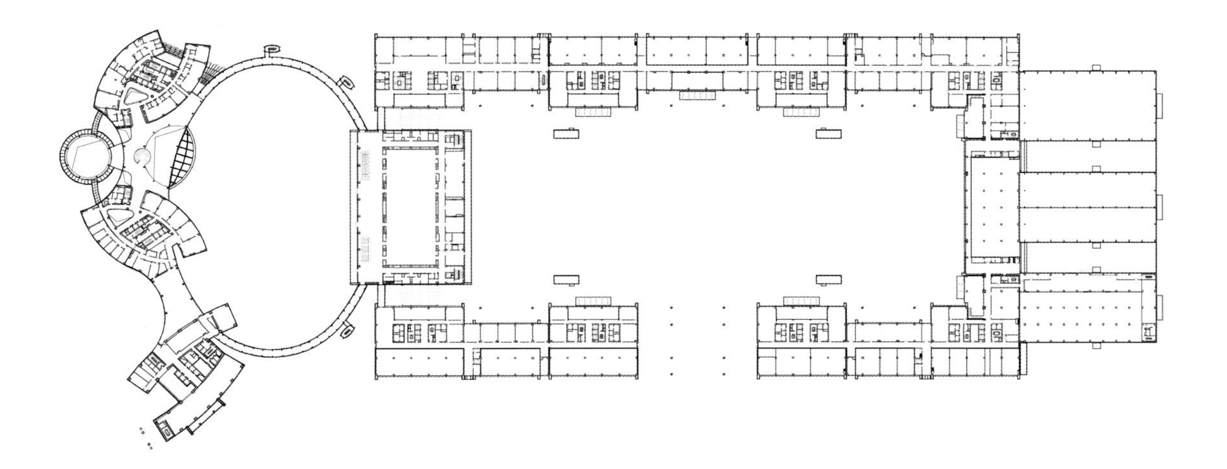

二层平面图

201

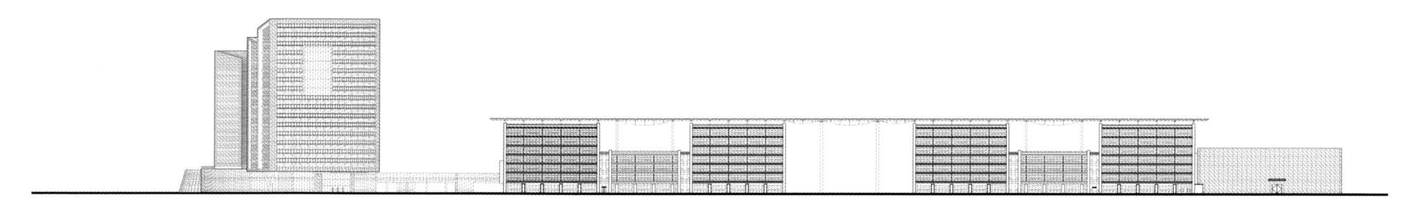

南立面图

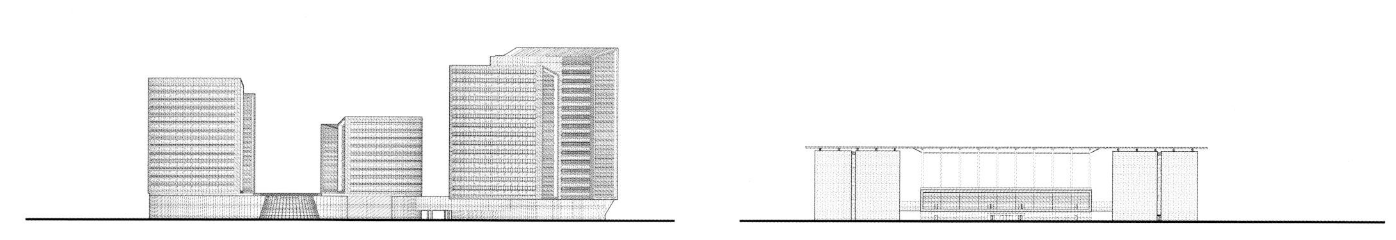

科研楼组团西立面图

研发单元组团西立面图

除此之外，生态环保贯穿于设计整体过程之中。设计将太阳能光伏电池板和建筑外观形象相互结合，达到绿色技术和建筑形象的整体融合。园区采用全方位的生态节能技术，从场地布局、建筑被动式设计、新能源与新系统应用、室内环境控制、节水与水处理、材料、产品选择和利用、能源利用策略、再循环计划的角度在建筑的全生命周期内最大限度地节约资源、保护环境和减少污染。建筑整体达到国内绿色建筑三星级的设计要求。结合建筑屋面，项目采用建筑光伏一体化技术安装了面积约 3 万平方米的太阳能光伏板，实现风电、光伏并网运行，利用风能、太阳能节约运行能耗，可提供 18% 的建筑用电，使洁净能源的使用真正成为园区的主题并发挥实际作用，同时也突出了企业自身的特色和技术优势。

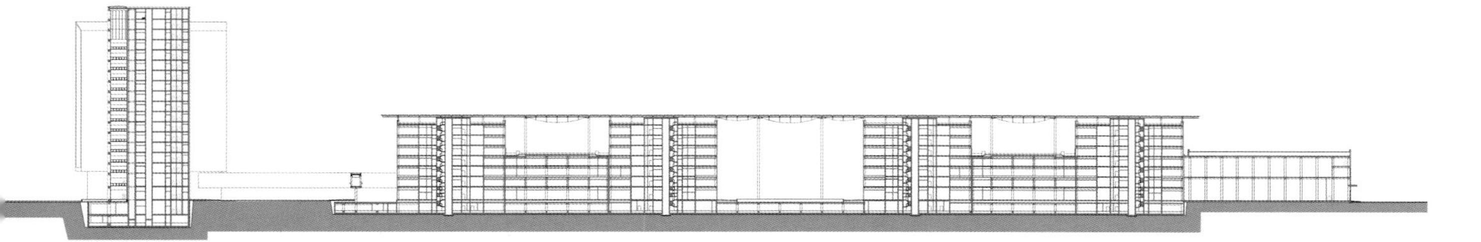

剖面图

05

201

309
301

热烈
贺国电新能
术研究院一
302
303

北航南区科技楼

2011 年 · 北京市海淀区

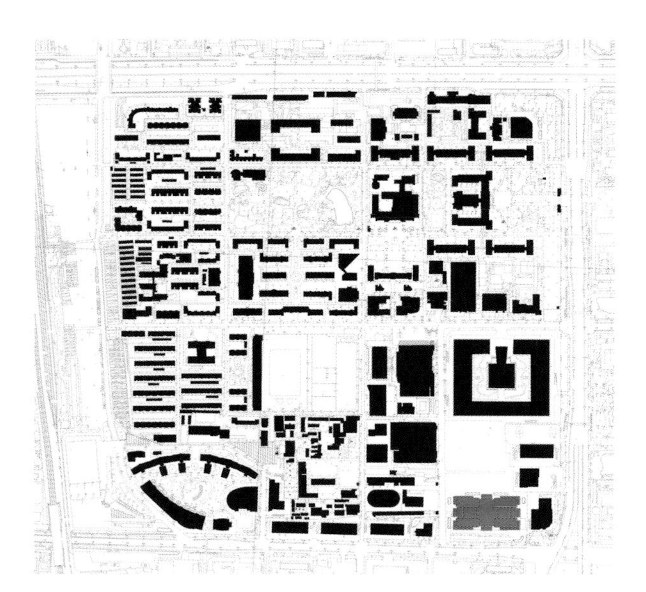

校园区位图

本项目位于北京市海淀区学院路 37 号北京航空航天大学院内，地处学院路和知春路的交角区域，东临学院国际大厦，西侧为坤讯大厦，北侧即为北航校园。本项目与先期建成的唯实大厦、首享大厦、北航新主楼共同组成了北航南区科技园。由于地处海淀区交通便利、高校云集之处，本项目用地极为有限。

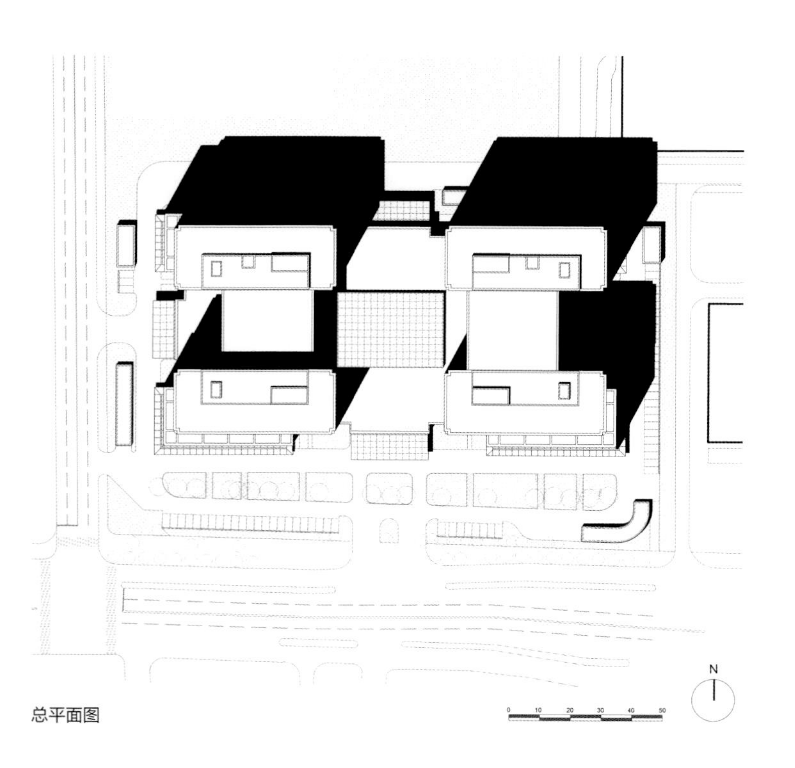

总平面图

致真大厦招商 82319898
地铁西土城站

本项目用地面积 2.24 公顷，建筑总体规模约为 22.5 万平方米，地上 24 层，地下 4 层，建筑高 99 米。本项目集大堂、展厅及配套服务用房、科研办公用房、职工餐厅、物业管理用房等于一体，是一座多功能的科研办公楼。

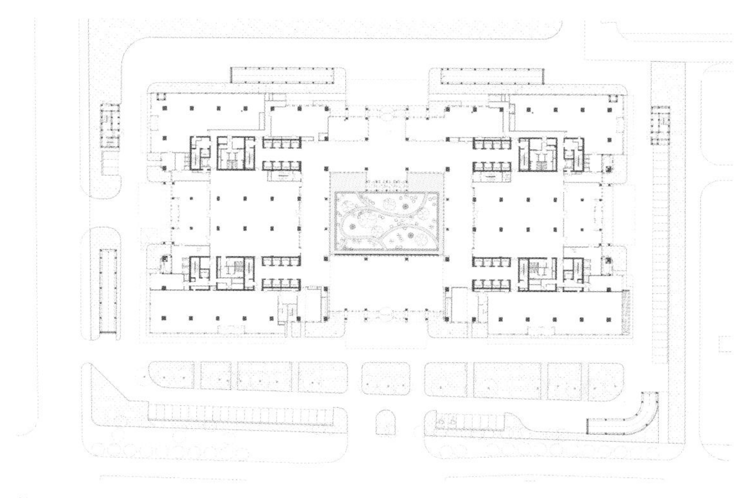
首层平面图

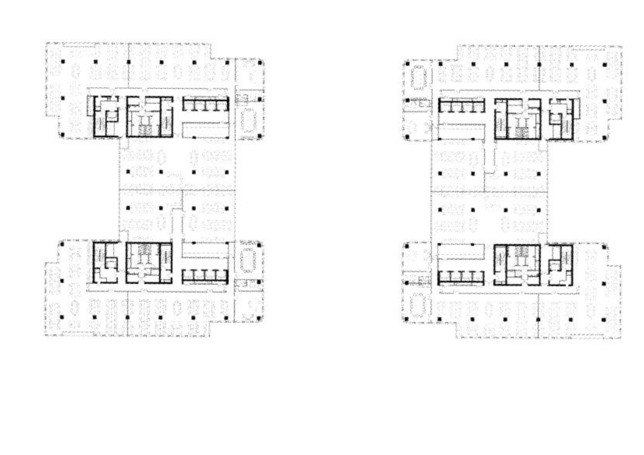
标准层平面图

在建筑布局关系上，本项目采取了尊重城市肌理、充分利用场地的策略。在对城市道路进行退线、与周边建筑保持合理距离之后，采取南北平行的布置方式成为利用场地的最优解。4栋板式高层呈中轴对称，形成恢宏稳定的建筑造型。同时，一南一北两座板式高层及中间连接体形成东西 2 个“工”字形体量，配合考究的立面造型，在规整中又富于变化，在稳定中又不失精巧。

在建筑立面造型上，本项目做到设计与材料的高度融合。在设计上，我们通过反复推敲比例与细节，兼顾开窗的实用性与建筑立面的整体性，体现简洁现代的设计风格。在材料上，建筑外立面采用铝板、铝型材和 Low-E 中空玻璃组合体系，在节能环保的同时保证了立面造型的科技感。简洁明朗的建筑立面造型符合业主作为国内一流理工科高校的形象气质，本建筑亦成为北航校区中具有辨识度的地标。

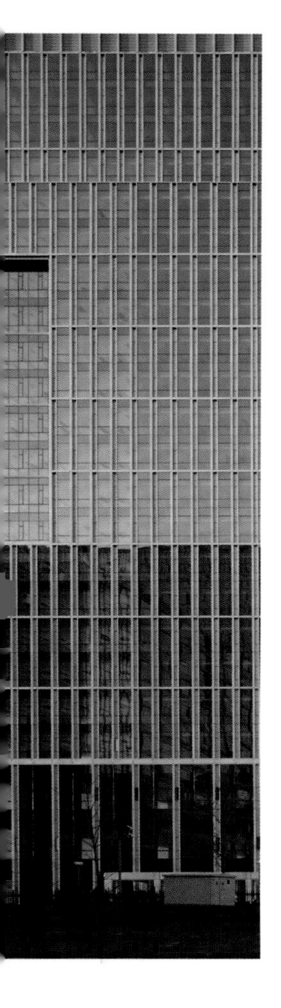

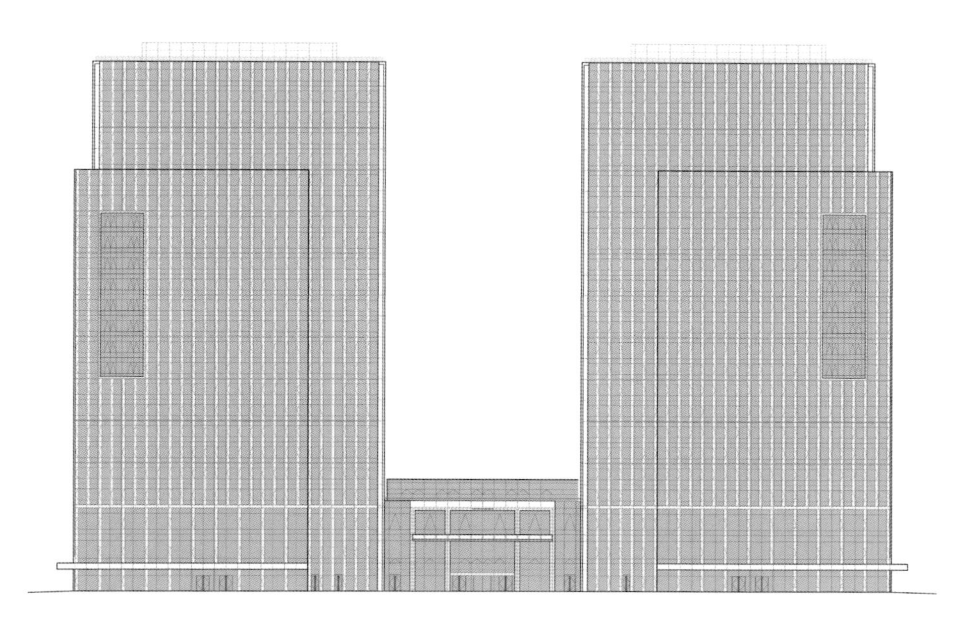

南立面图

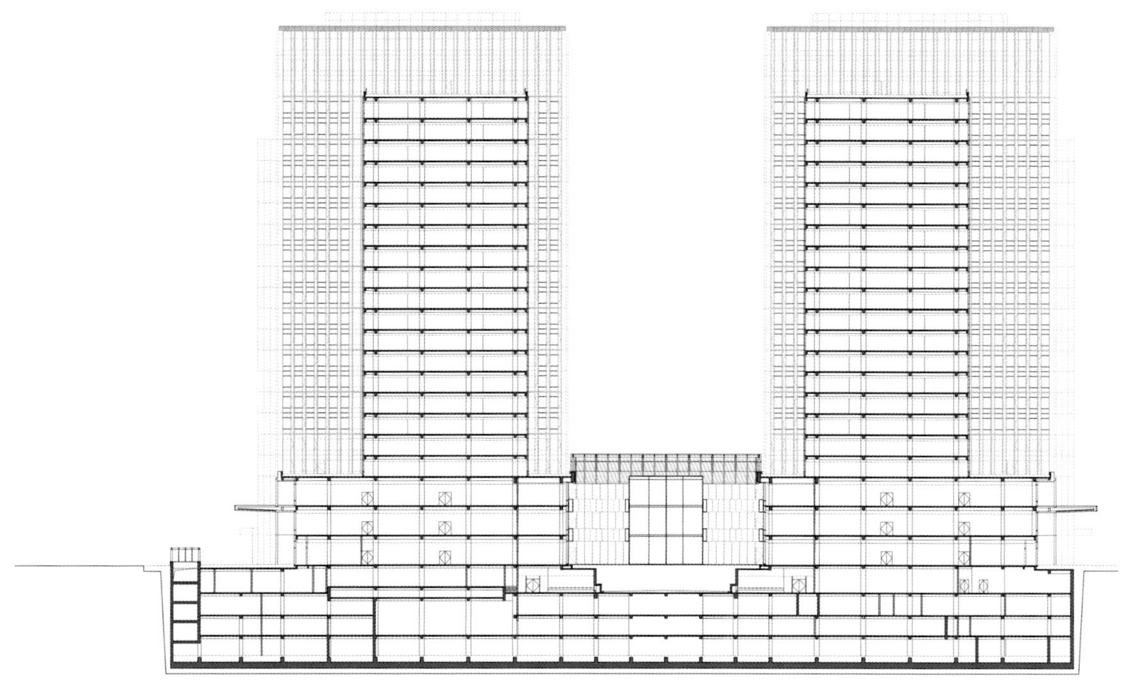

剖面图

Horizon

在景观配置上，本项目在有限的用地中围合出一片绿地，体现了以人为本的环境设计理念。本项目中心部位设有高 19.5 米、总面积达 1 000 平方米的 3 层通高室内景观中庭，巧妙搭配乔木、灌木及景观小品，使之成为建筑内部公共空间和建筑景观环境的核心，同时创造性地为建筑使用者提供了放松身心的休闲空间。在景观中庭的营造中，我们通过建筑、景观、暖通空调多专业的协同，实现了环境舒适与植物全年常绿的有机统一。此外，建筑南侧的现状树木全部保留，与楼前景观广场和绿地停车场巧妙结合，进一步为整体环境增添了生机与情趣。

总体而言，北航南区科技楼设计实现了在有限用地面积内的集约化、整体化利用，并且通过建筑材质、色彩、风格的统一，确保了由整体到细节、由外观到室内环境的连贯，设计的完成度较高，实现了限额设计与建筑品质的平衡。

中关村国防科技园项目

2012 年 · 北京市海淀区

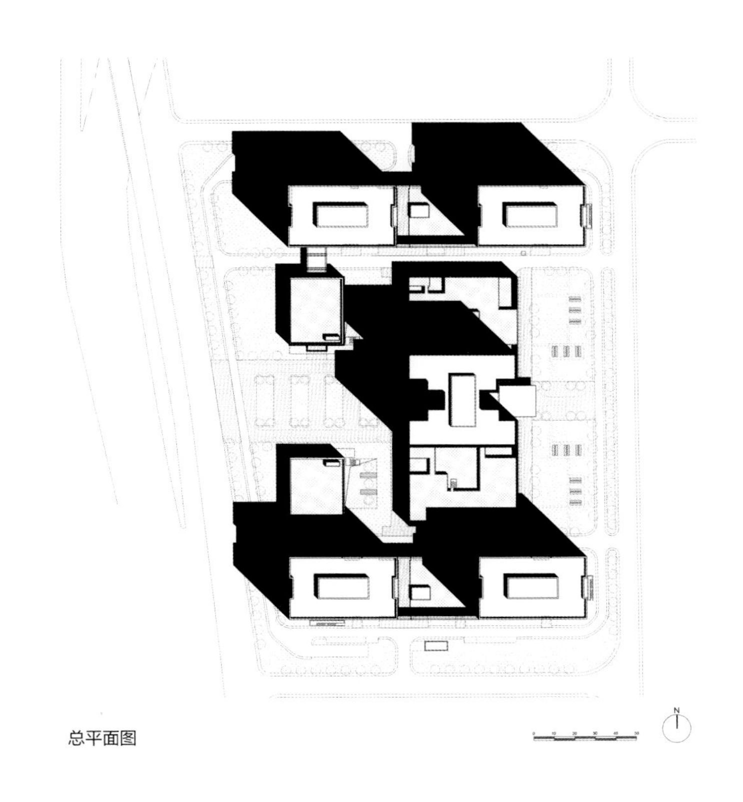

总平面图

中关村国防科技园项目位于北京市海淀区中关村南大街 5 号北京理工大学中关村校区西北部，西临西三环北路，北至校园北路，东至校园西路，南临规划一路和研究生公寓 5 #、6 #楼。

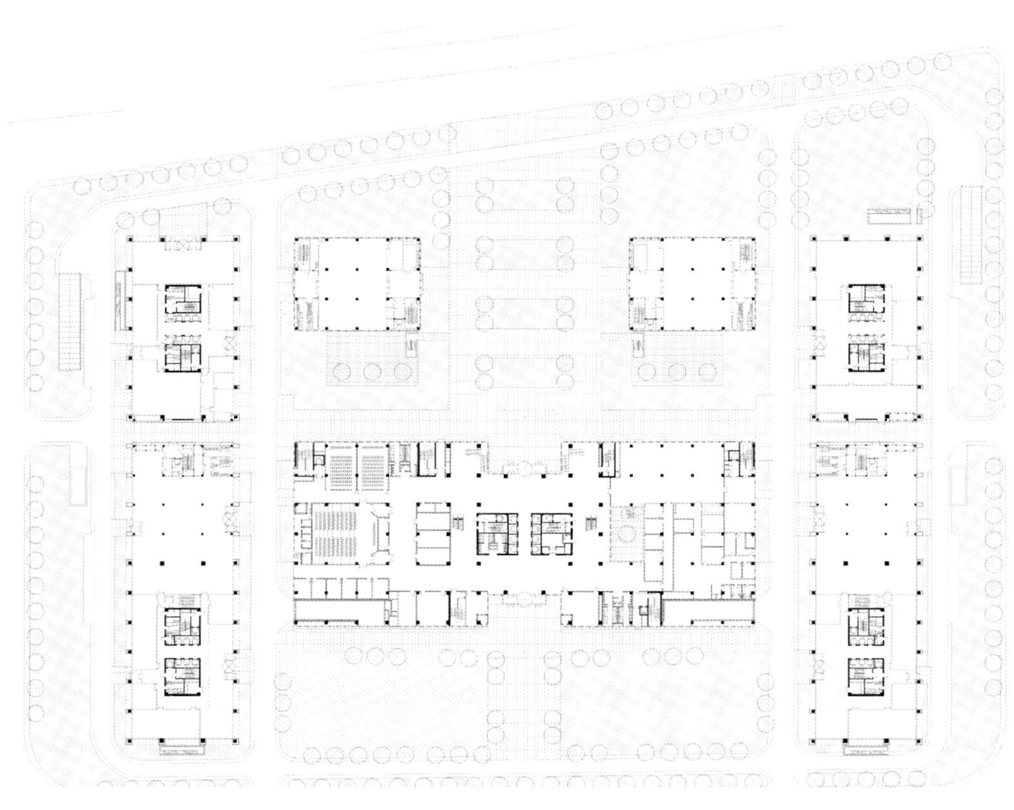

首层平面图

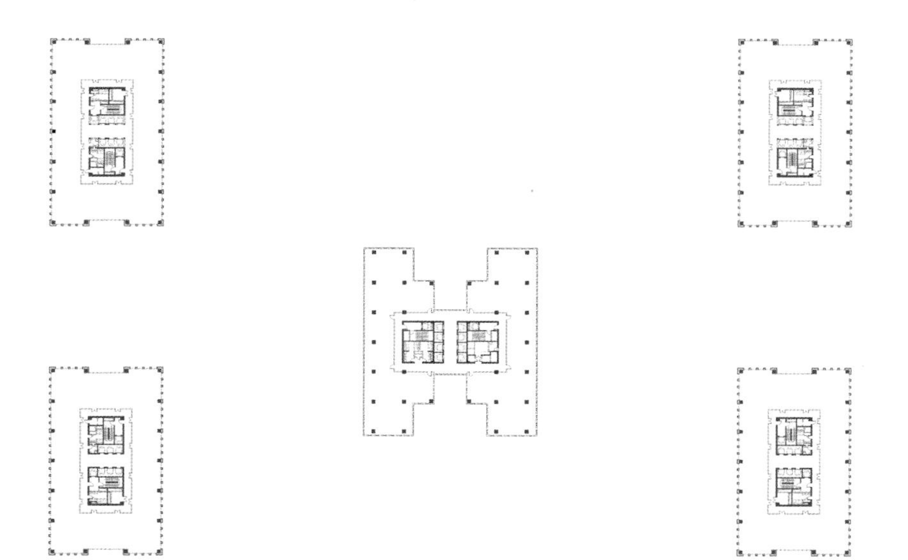

标准层平面图

本项目规划总用地规模62 402平方米，总建筑面积237 995平方米。建筑地上为综合楼、研发楼及配套楼，地下为车库、人防设施、附属配套和设备用房。建筑控制高度为 60~80 米，地上 3 层至 19 层，地下 3 层。本项目是整体面向军工企业、中关村高科技企业和高校科学研究单位的科技园区，是学、研、产融合之地。

在城市规划层面，项目延续了校园整体规划的轴线概念，以“副轴”的概念与校园主轴呼应，加强了整个校园的整体性和结构性。主轴和主中心体现的是学和研的结合，副轴则体现了研和产的结合。项目位于副轴的中心，在规划层面将学、研、产结合到一起。在城市设计层面，项目的位置和 20 万平方米的建筑体量决定了城市形象和界面的重要性，本项目用完整矩形界面的整体设计以及严谨对称的形体布局共同形成了城市尺度的整体形象。

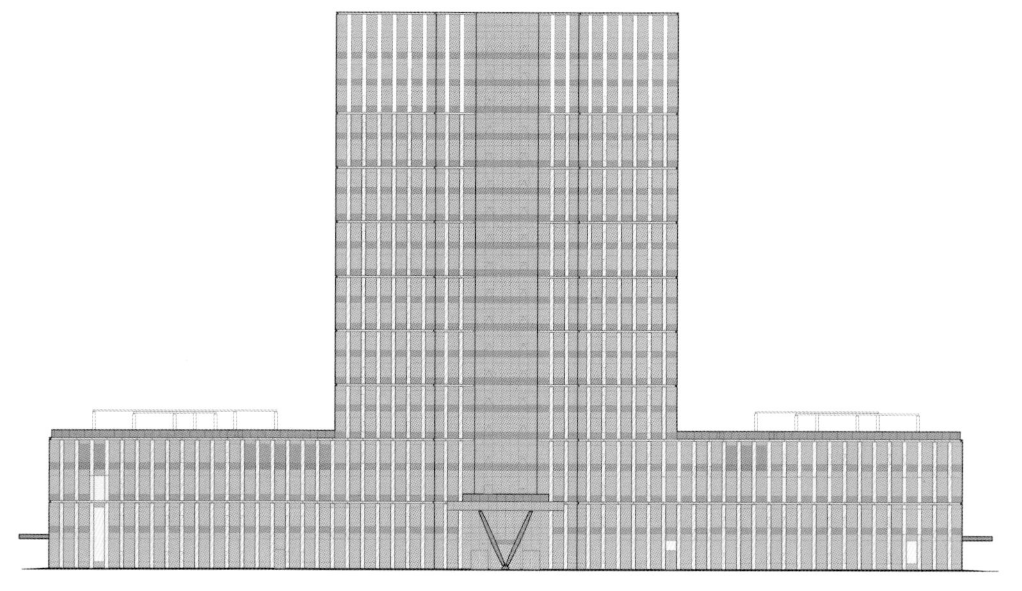

A 座西立面图

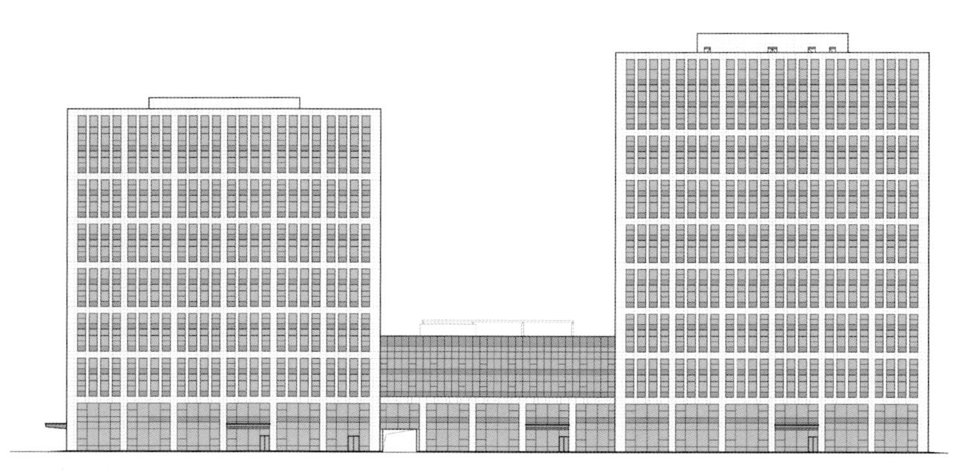

B、D 座南立面图

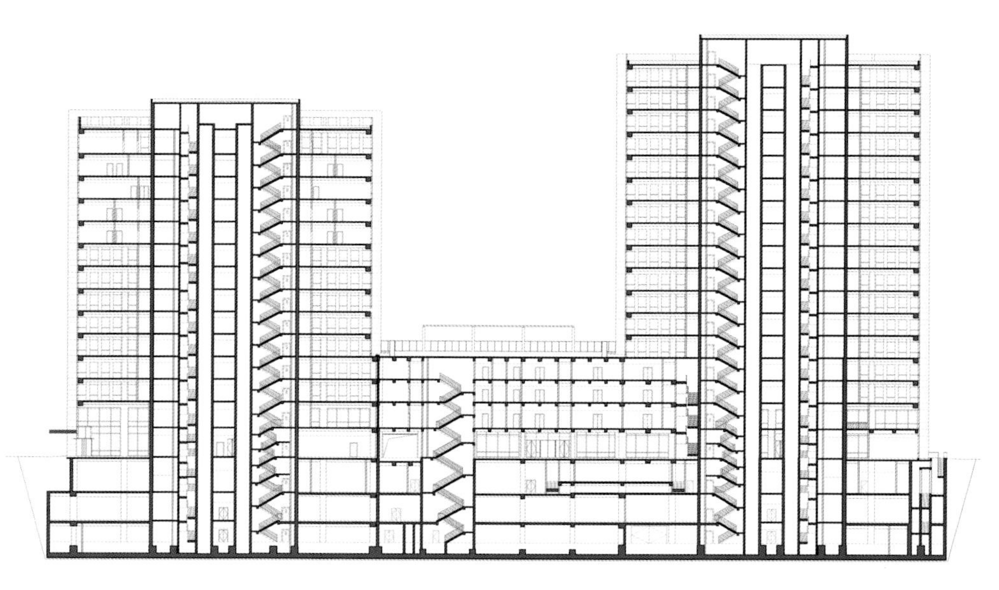

剖面图

在组群布局层面，本项目强调中正的外在形象。整体建筑群以中间智能综合楼（A 栋）为中心，其他 4 栋智能研发楼（B 栋、C 栋、D 栋和 E 栋）分置两侧，并结合西侧配套楼（F 栋和 G 栋）形成入口空间序列，以一种对称、向心、层层递进的布局形式营造建筑形象。

在建筑空间层面，本项目力求塑造以人为本、生态绿色的办公环境。南北两侧建筑横向布置，室内采光充足，避免了高层之间相互的视线干扰，保证了使用者的私密性。在研发楼中，多层次庭院空间、生态中庭、外表皮太阳能板的运用，在保证了办公区舒适度的同时，降低了使用能耗，达到了真正的以人为本、生态绿色。

此外，本项目在建筑设计全过程中，设计团队应用建筑信息模型设计（BIM 协同设计），在以 Revit 为核心的 BIM 平台上进行全专业协同设计，提升了建筑设计的准确度，丰富了建筑全生命周期的信息资料，为建筑施工和后期维护提供了巨大便利。

神华集团黄骅港企业联合办公楼

2012 年 · 河北省沧州市渤海新区

神华集团黄骅港企业联合办公楼位于河北省沧州市渤海新区黄骅港区，属于临海用地，用地南临 307 国道，西临海防路，东侧和北侧为神华国华电力公司生活区。在该区域海防路西侧为神华黄骅港务公司海港国际酒店及生活区。

本项目用地面积 45 251 平方米，总建筑面积 55 108 平方米，其中地上建筑面积 43 334 平方米，地下 11 774 平方米，由 11 层的办公楼主体和配套裙房共同组成。本项目需满足 4 家入驻单位近 800 人的办公、会议、展览、餐饮等空间需求。

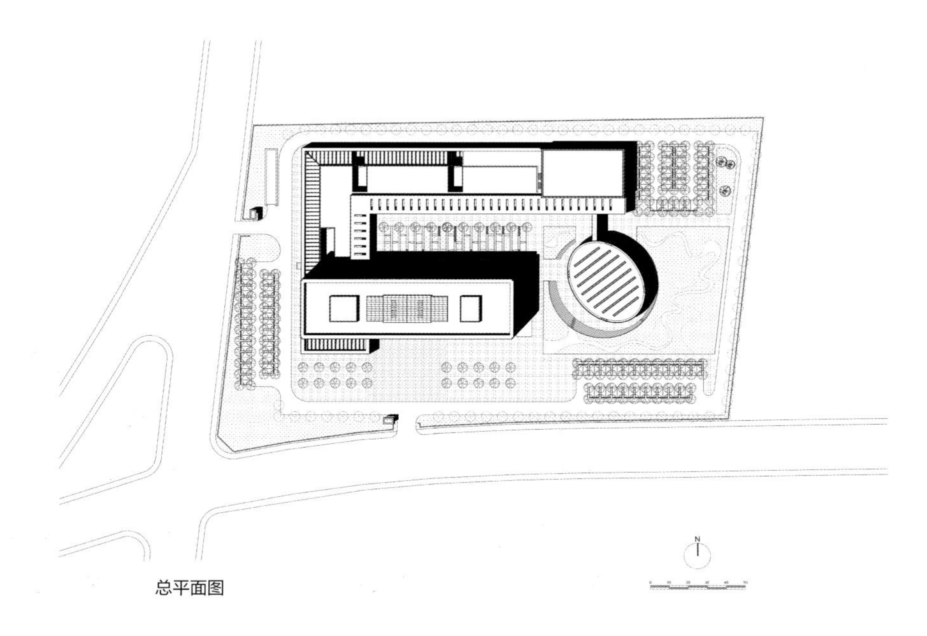

总平面图

在总体布局上，设计从延续城市格局角度出发，对外塑造严整的形象展示面，对内形成内敛、私密、宜人的活动空间。建筑整体呈“C”形布局，由矩形主体以及“L”形裙房两部分组成，形成了三面围合的内向景观广场。

乐家连锁酒店

在功能方面，建筑内部分为会议中心、活动中心、公共服务区以及办公区四大功能区。会议中心与活动中心设置于裙房内，裙房主体 2~3 层，便于大空间房间布置。办公区设置于矩形主体建筑内，共 11 层，在首层通过大堂与会议中心连通，形成了相对独立又联系便捷的功能分区。此外，为保证办公楼的舒适性，建筑在 5~11 层设置了通高的共享中庭，通过中庭屋顶电动开启的采光天窗，为办公区提供舒适的自然光照与通风环境。

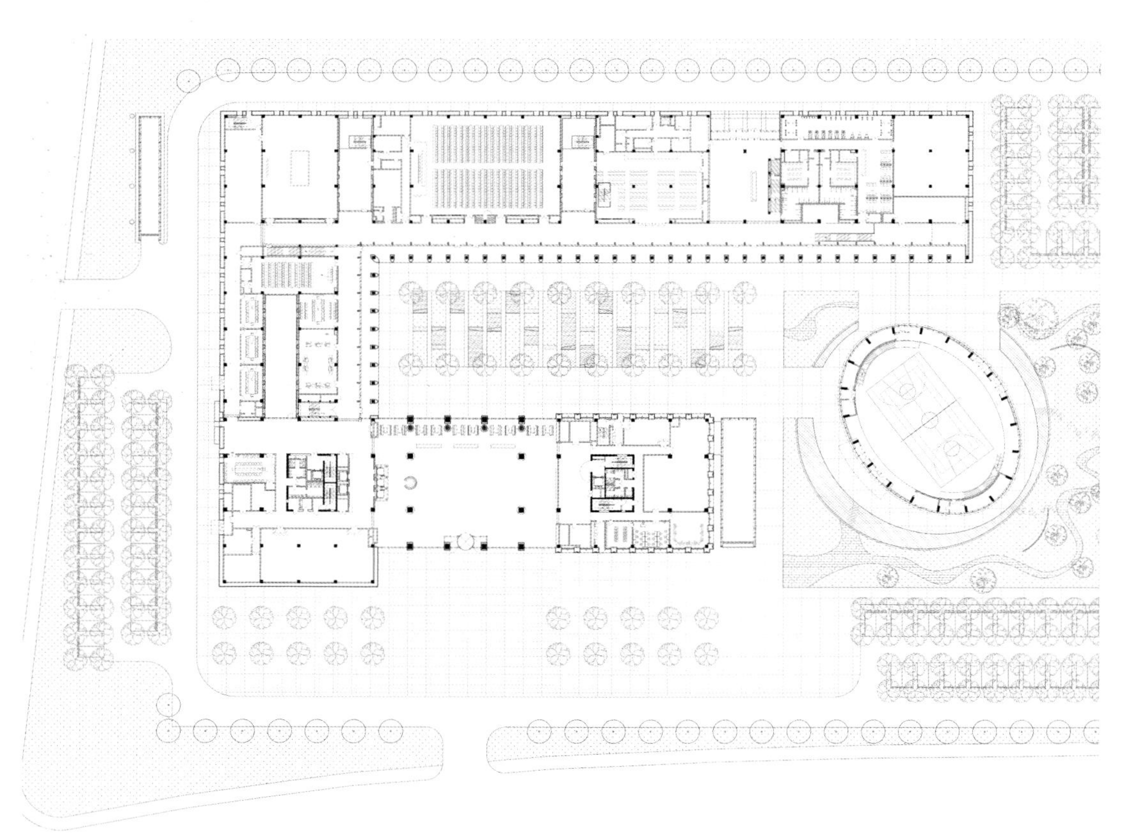

首层平面图

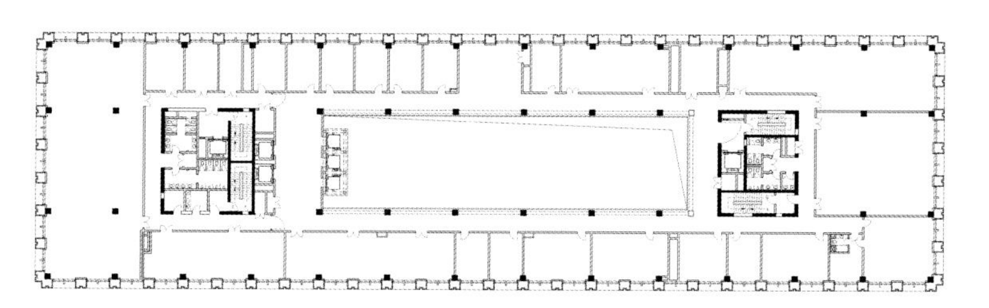

标准层平面图

在外部造型设计上，本项目追求风格稳重、充满现代气息的效果，以体现国企办公楼的气质。设计在保证大体量关系完整的前提下，在立面上设置丰富细腻的细部，在严谨、内敛的基调下，突出秩序感。建筑立面装饰材料主要运用浅米色的轻质混凝土挂板幕墙和浅灰色的玻璃，在主体部分以匀致开窗为主，在裙房部分以大面积实墙面为主，虚实对比，强化形体关系。

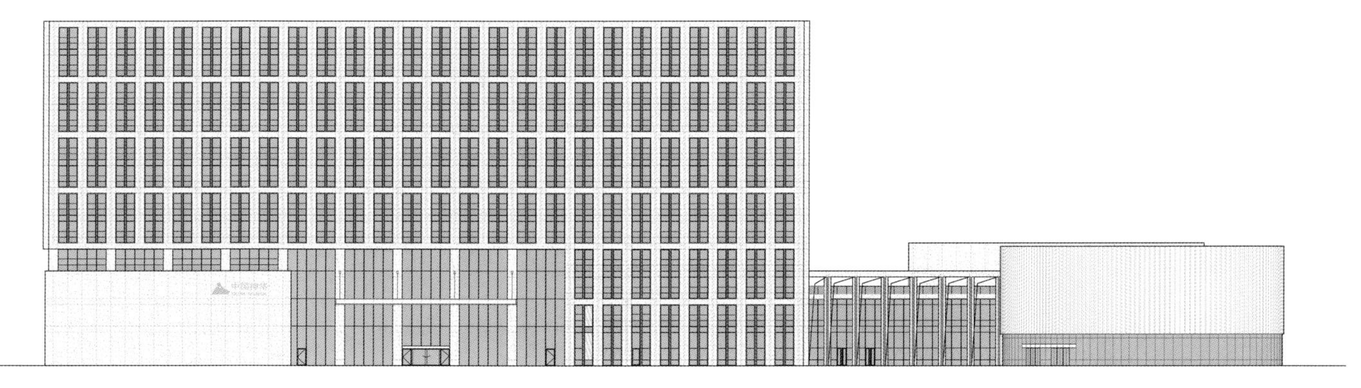

南立面图

景观设计层面分为 3 个层次：用地红线与内部环路之间的环形绿化带以绿地为主，点缀以灌木、乔木，塑造严整的界面；内部环路以内东侧区域做集中绿化，以水池、绿地等为主，点缀以高大乔木，形成院区的中心景观区；在内院部分设置偏向于几何化的绿化小品以及景观矩阵，配合裙房的开敞檐廊，共同塑造轻松的空间氛围。

神华黄骅港

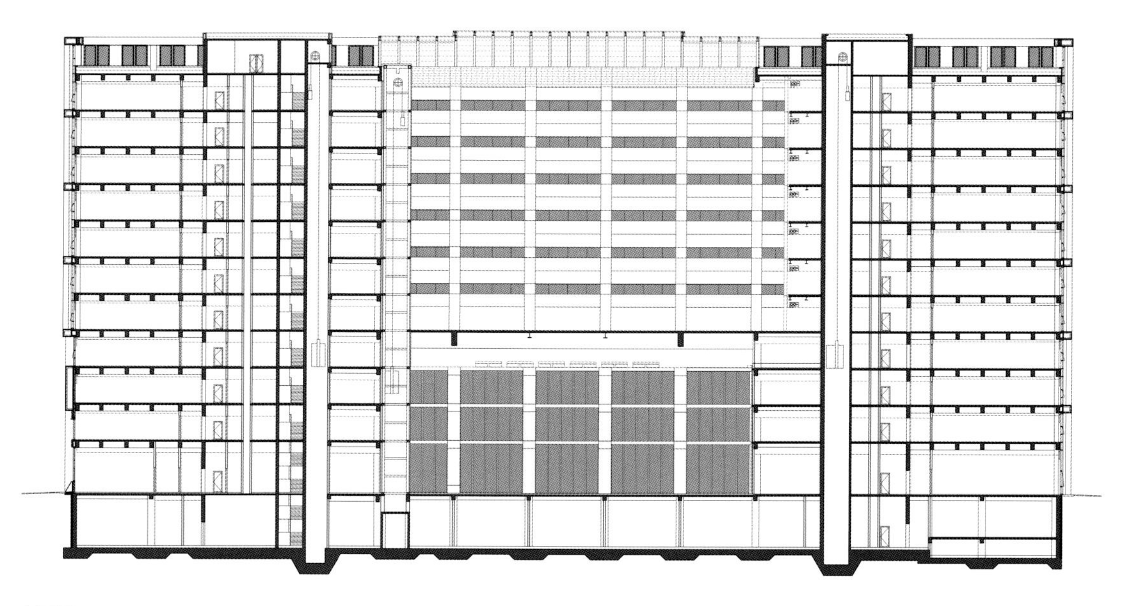

剖面图

洗手间
WASHROOM

在低碳设计层面，本项目采用被动优先、主动优化的低碳设计原则，因地制宜地采用有效的低碳技术。庭院与建筑交错布置，优化办公环境，减少损耗；建筑体形严整、减少凹凸，减小形体系数以符合节能要求；在景观层面采用雨洪综合利用技术、水循环代谢系统等技术。

中海油能源技术开发研究院

2013 年 · 北京市昌平区

中海油能源技术开发研究院位于北京市昌平区未来科学城南区，项目地块位于京承高速以西、温榆河南岸，所处区域环境优美。

本项目建设用地面积 9.64 公顷，总建筑面积 207 920 平方米。项目用地相对紧张，设计通过立体布局、集约功能的策略，达到了节约土地的目的。本项目由研发主楼、实验楼、大空间实验室、配套用房和机电设备用房等组成，共 8 个单体工程。

为体现企业特点，本项目以“海上钻井平台”为设计核心概念，从中海油企业海上钻井平台中抽象出柱、桥、平台等元素，以较为独特的建筑造型烘托了本项目的研发主题。与此同时，标志性的连廊将 4 个单体建筑连成整体，这一手法也将建筑分为上下两部分，功能定位分别为实验区和办公区。

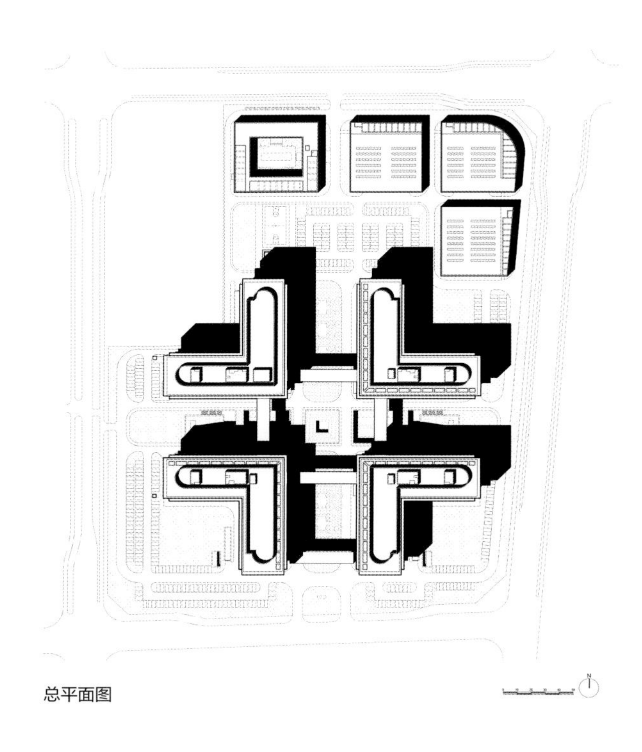

总平面图

针对面积大、功能复杂的特点，本项目采用了垂直分区的功能组织形式，将实验和科研办公部分进行区分，实现了多元功能需求的整合。具体而言，标准实验室、研究办公室分别采用5.4米和4.5米的层高，满足不同的使用需求，在满足研发空间最大灵活性的前提下，实现高效、便捷。同时，在平面组织上，L形平面实验区一侧的核心筒偏置，形成连续大进深空间，便于实验室湿区灵活使用；而另一侧作为干区，可以进行实验数据实时分析处理。

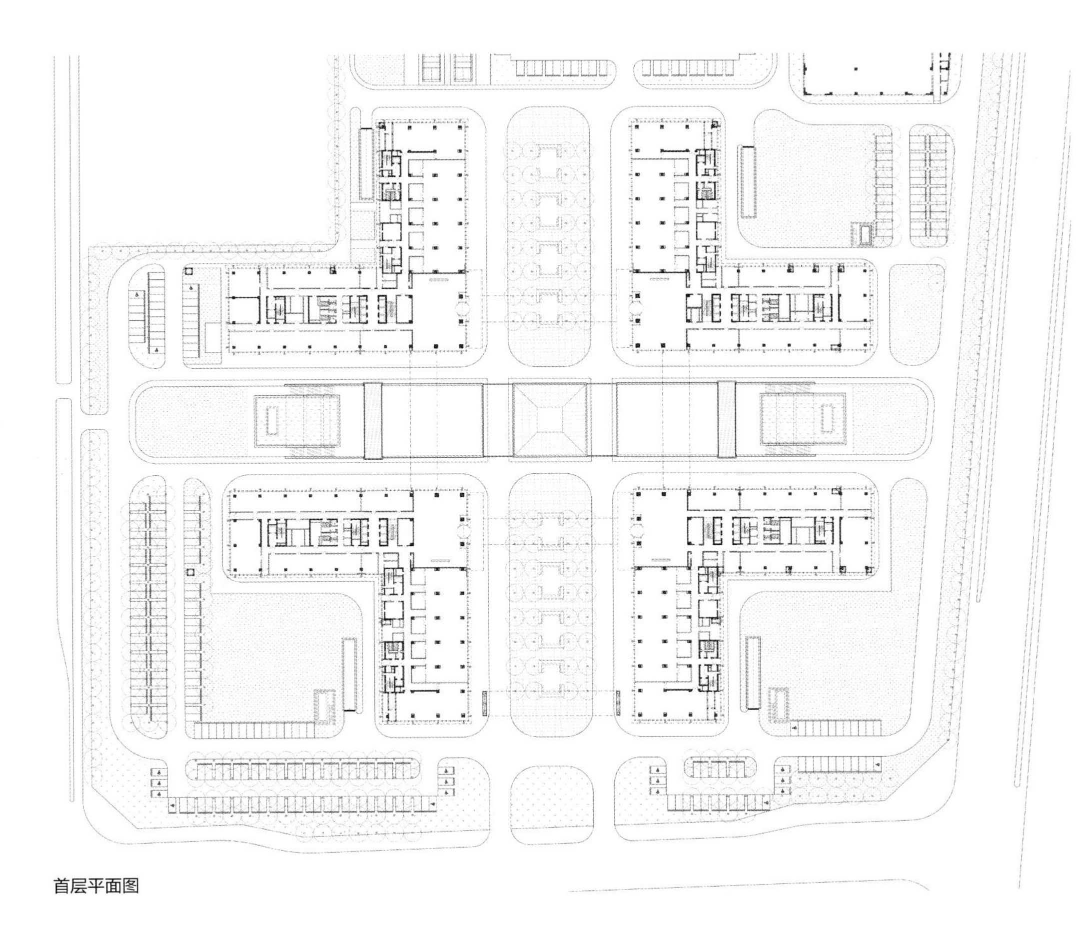

首层平面图

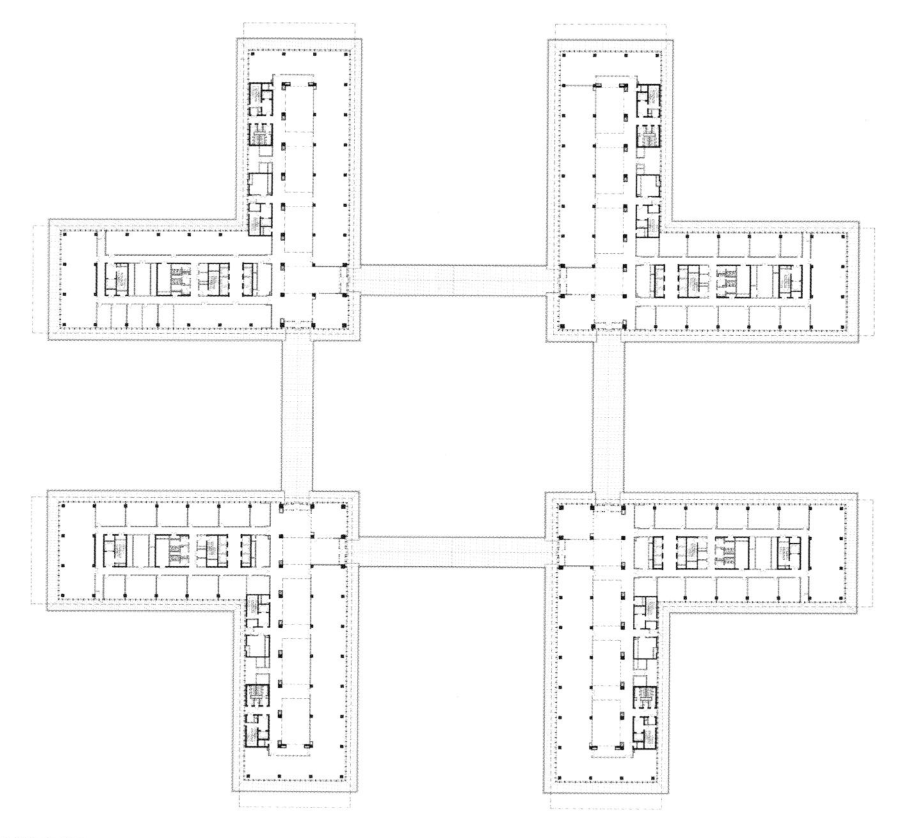

六层平面图

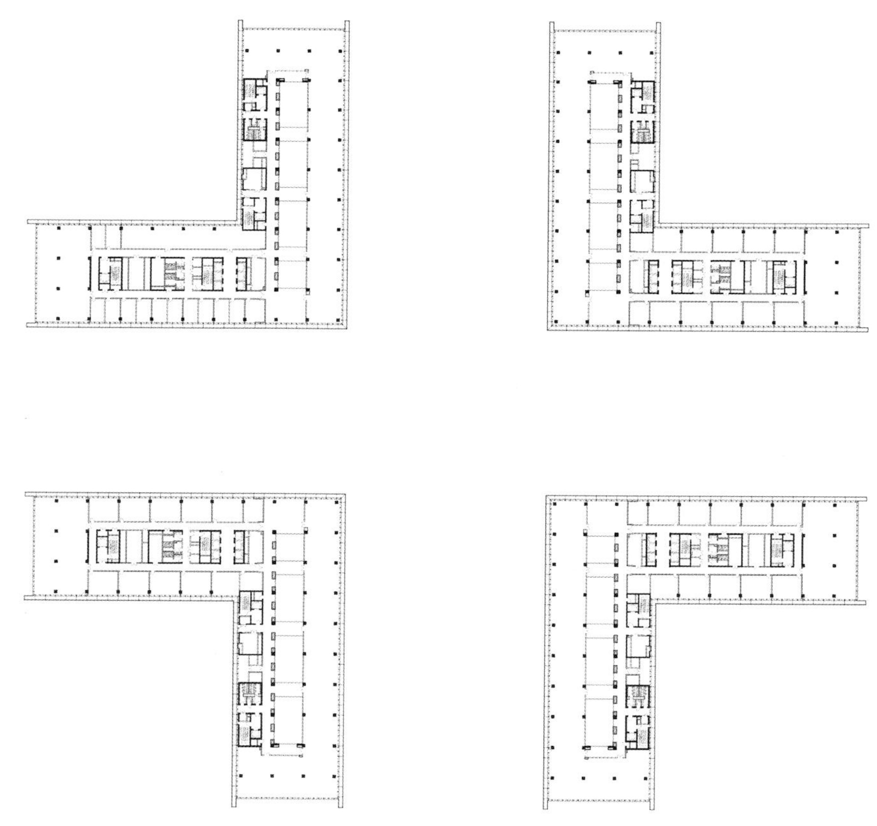

标准层平面图

在外部空间的景观效果方面，本项目以对称轴线、空中景观和下沉庭院等营造了较有特色的室外空间，从而强化了整体的场所氛围。体量较大的4座单体建筑所围合出的“十”字形景观轴构成了整个场地的空间骨架，形成了有聚集效应的场所环境，成为整个园区的空间交往中心。东西向的下沉庭院起到了汇聚多功能空间的作用，配套的就餐、健身、会议、展厅等功能分置两侧。4栋主楼通过位于6层的室外观景平台、空中连桥相互连通，进一步形成多层次的空间效果。建筑内部6层以上的通高中庭为使用者营造了舒适宜人的交往空间。

南立面图

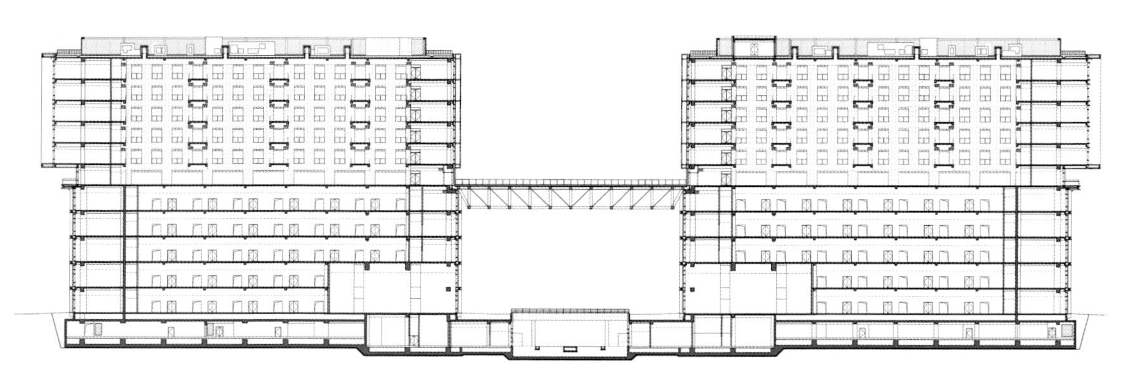

剖面图 1

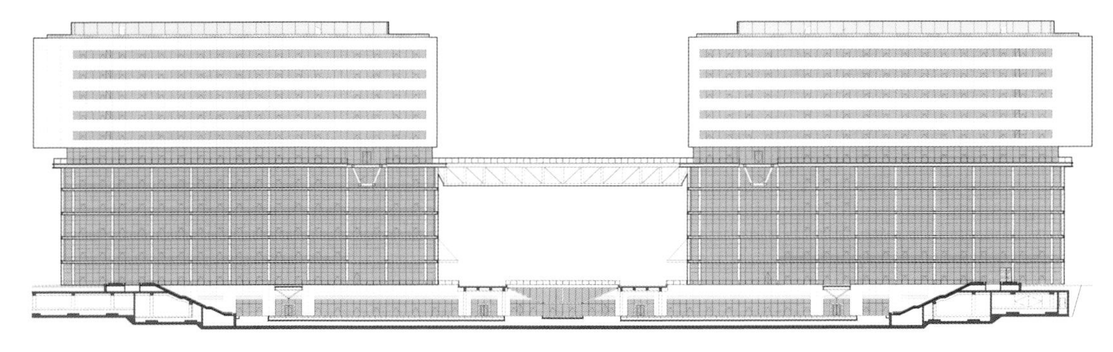

剖面图 2

本项目在绿色建筑方面亦卓有成效，有完整的绿色节能设计策划，4 栋主楼被定位为美国 LEED 金级认证项目，2 栋主楼符合住房和城乡建设部绿色建筑三星级标准。具体而言，建筑在地下室较大范围内引入了自然光，在屋面上集中使用了太阳能集热器和屋顶绿化；此外，建筑外立面利用了穿孔铝板材料，进行建筑遮阳一体化设计，在塑造建筑形象的同时有效地改善了研发办公室的内环境。

中国有色工程有限公司院区

2013 年 · 北京市海淀区

中国有色工程有限公司院区位于北京市海淀区复兴路 12 号。本项目在北京的重要街道复兴路上，位置较为优越。本项目用地位于院区南侧，北临院区内 1#、2# 办公楼和住宅、宿舍楼，东临铁道部家属院，西侧为恩菲科技大厦。场地内现有 2 幢砖木结构建筑，已属危房，亟待改造。本项目总体规模为 6.8 万平方米，地上建筑面积 4.4 万平方米，地下建筑面积 2.4 万平方米。建筑高 41.5 米，地上 10 层，地下 3 层。建筑的主要功能为科研办公及相关配套。

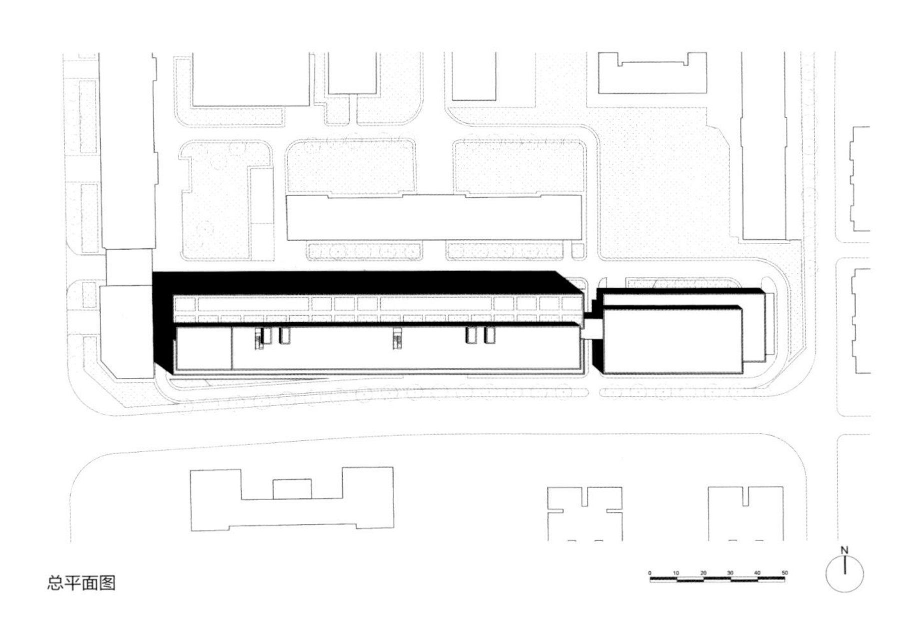

总平面图

会议中心
CONFERENCE CENTER

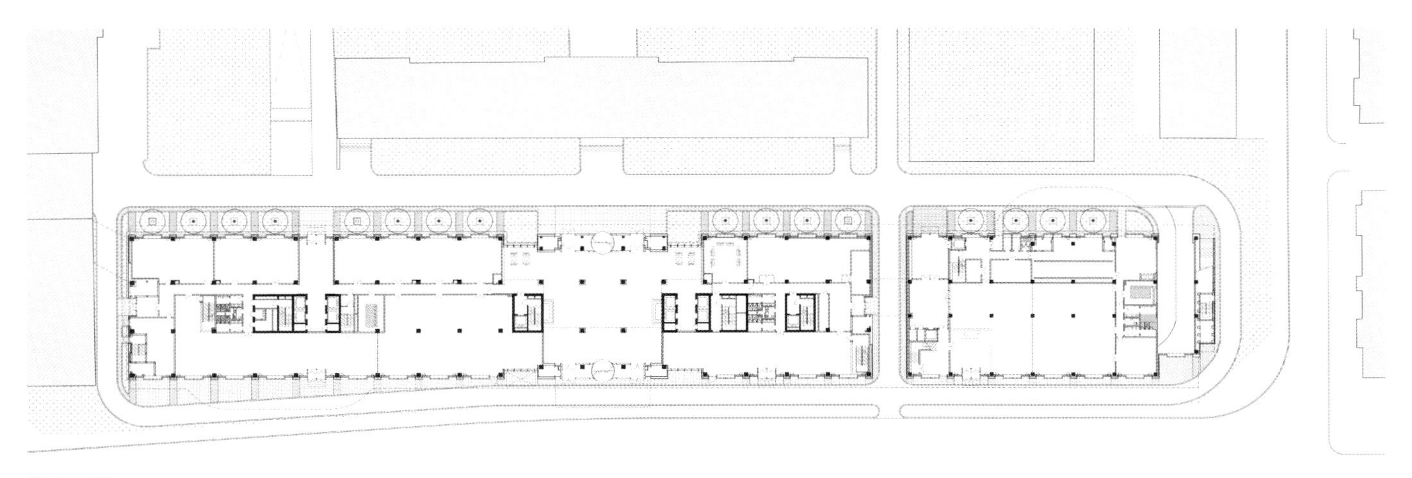

首层平面图

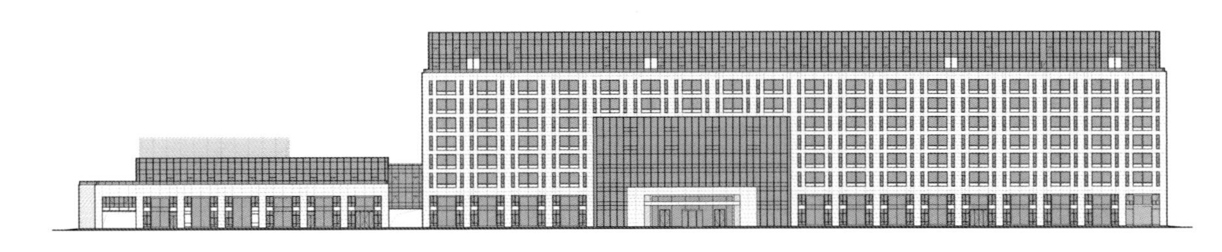

北立面图

项目邻近住宅区与院区宿舍，满足严苛的日照遮挡条件是本项目的硬性前提。项目根据现状住宅布局情况，反推出可建的建筑体量，得出了满足日照要求的极限体形。在此基础上，设计团队运用虚实结合的构成手法调整建筑造型关系，以玻璃盒子穿插其中，用虚实对比的构成关系和丰富的立面层次，削弱阶梯状形体带来的局促感。

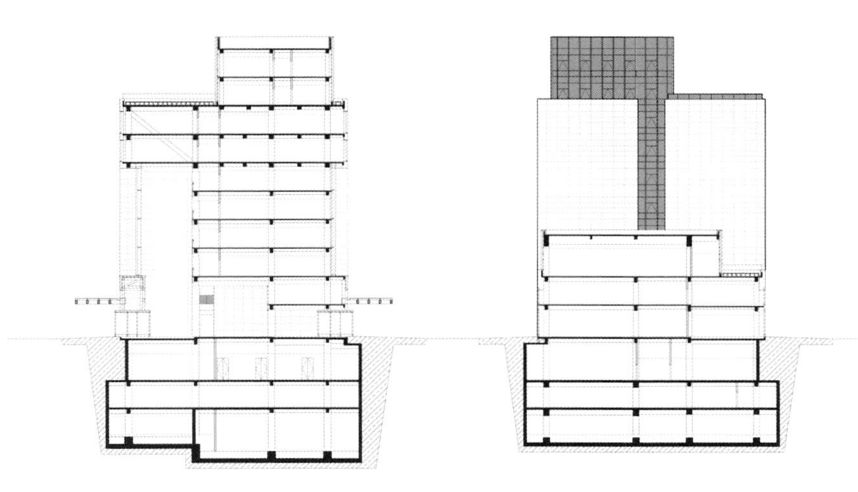

剖面图

此外，由于院区现有的办公建筑缺少室内公共空间，新建科研办公楼肩负着重塑院区核心公共空间的责任。本项目在可用空间极其有限的情况下，在北侧正对 1# 楼处设置了一处 6 层高的室内大厅，其成为兼顾整个院区的公共空间。该空间以 1# 楼为底景，强化了中轴线意象，并且形成了与 1# 楼的退让关系，不仅削弱了新建建筑对既有建筑的压迫感，而且构建了新老建筑的视线对位关系，实现了新老建筑的共生与对话。

科技大厦

在立面设计上，项目外墙面采用浅米色花岗岩干挂幕墙体系，配合浅灰色玻璃，采用通风与采光分离的窗单元设计，使整个立面肌理简洁且富于细部。在入口空间，6 层通高的玻璃幕墙凹入石材幕墙中，用强烈的虚实关系丰富了空间层次。

本项目在生态设计上依据“被动优先、主动优化”的低碳设计原则，采用紧凑形体、小进深、多层级绿化的手段，从空间设计角度优化建筑性能。此外，本项目还在强化隔热性能、雨洪综合利用、水循环代谢层面对建筑与景观进行了优化。

中国人民大学东南区综合教学楼及留学生宿舍项目

2014 年 · 北京市海淀区

本项目位于北京市海淀区中关村大街 59 号中国人民大学（以下简称“人大”）内东南角，东临中关村南大街，南临人民大学南路，西临校园宿舍楼，北侧为学校主入口广场。

本项目地上建筑为教学综合楼和留学生宿舍楼。项目建设用地面积 1.4 公顷，总建筑面积 102 590 平方米，综合楼地上 18 层，宿舍楼地上 19 层，地下 3 层。

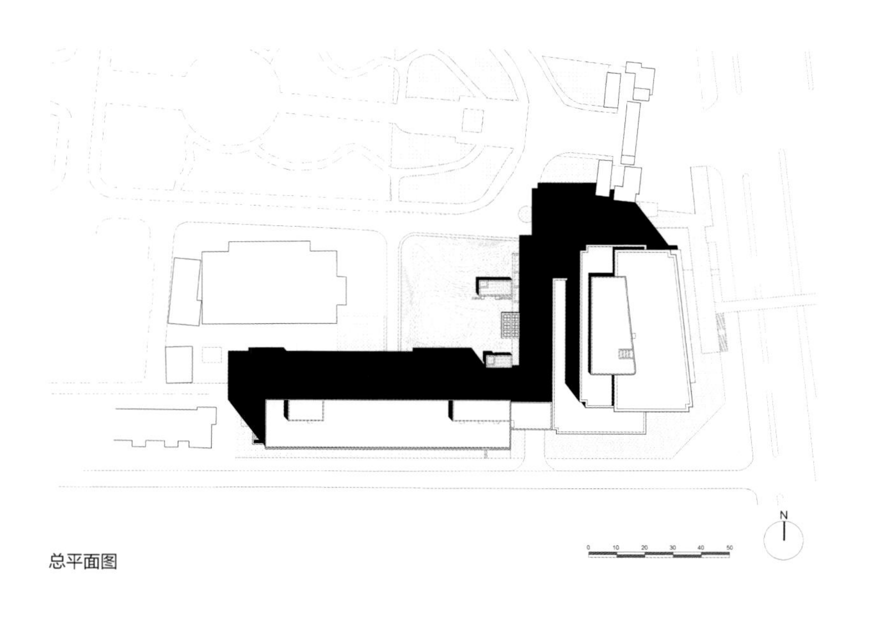

总平面图

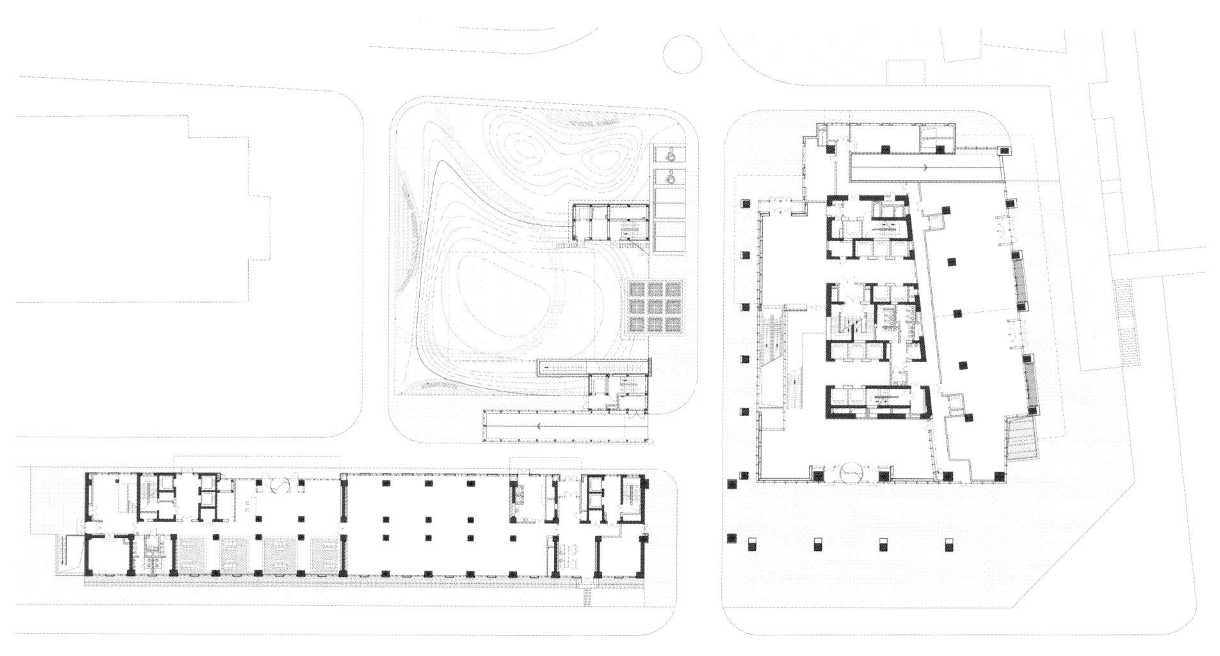

首层平面图

作为人大校园内最后一块集中建设用地，以及紧临中关村大街的特殊地块，本项目需要兼顾校园与城市的双重属性。一方面，本项目是人大中关村校区的收官之作，需要考虑校园内的现有建筑风格；另一方面，本项目紧临中关村大街，项目建成后也将成为具有城市属性的地标性建筑。

在功能方面，本项目整合了教学、办公、会议、住宿等多种功能，力求做到复杂功能的优化整合。建筑功能沿竖向发展，守齐用地退线，提高土地的使用率，最大限度地保留校园内部绿化空间。根据地块不同区位的规划控高要求，用地分为纵横两部分，分别组织居住、教学类空间，整体呈 L 形布局。地下连为一个整体，统一开发，实现地下空间利用最大化。本项目地上单体分为教学综合楼和留学生宿舍楼，建筑包括公共教学空间、学院办公空间、学生宿舍、多功能厅、餐厅等多种功能房间，根据功能之间的相互关系它们在极端紧张的用地范围内得到整合，做到流线清晰、便捷有序。

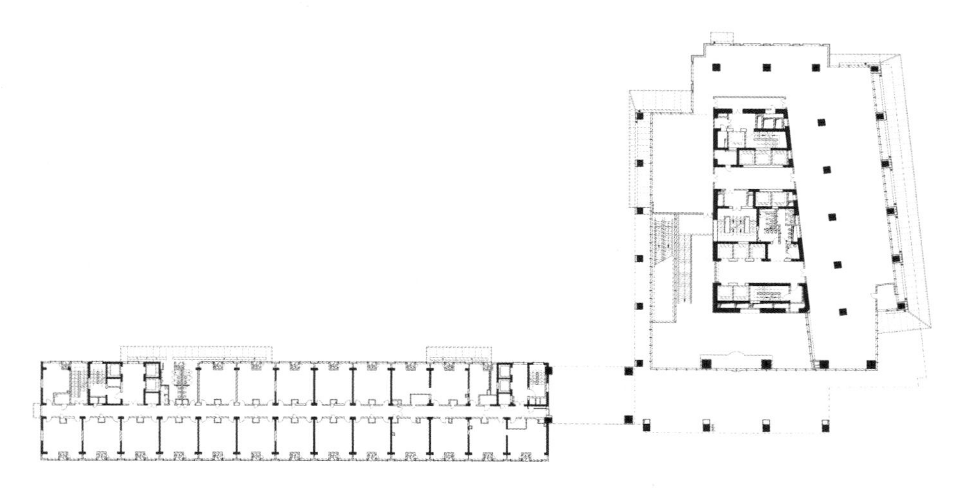

二层平面图

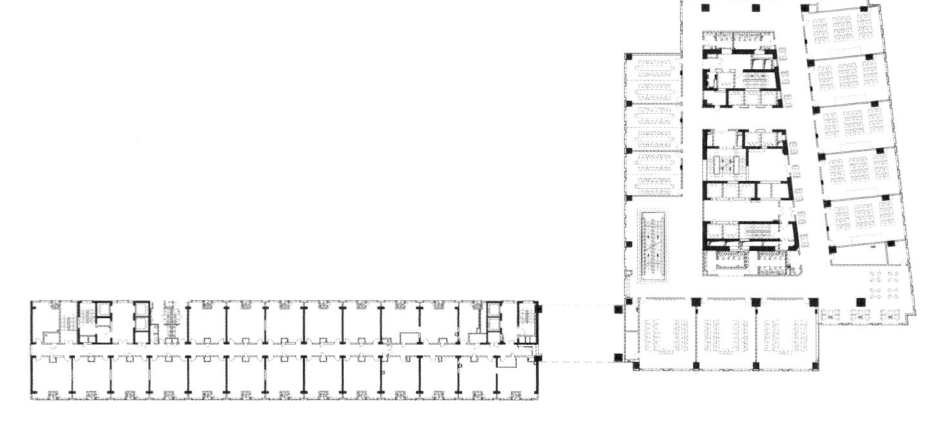

三层平面图

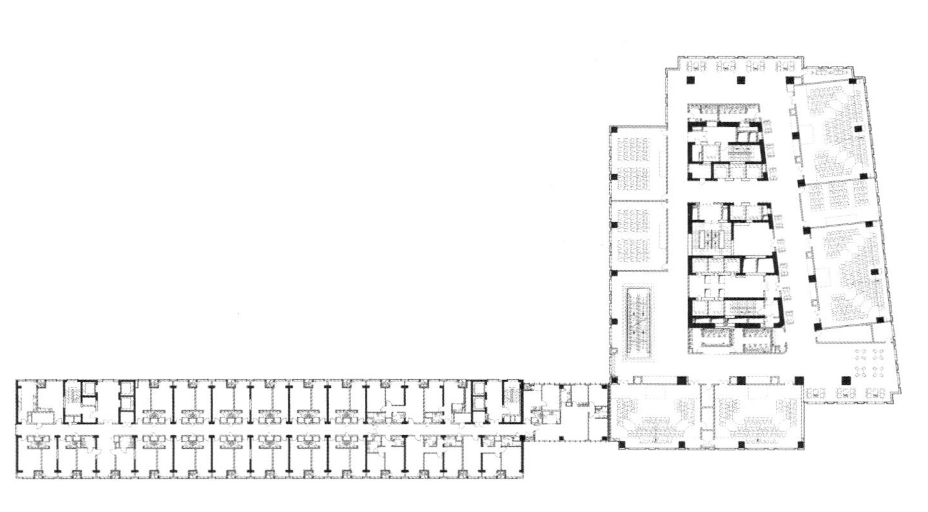

四层平面图

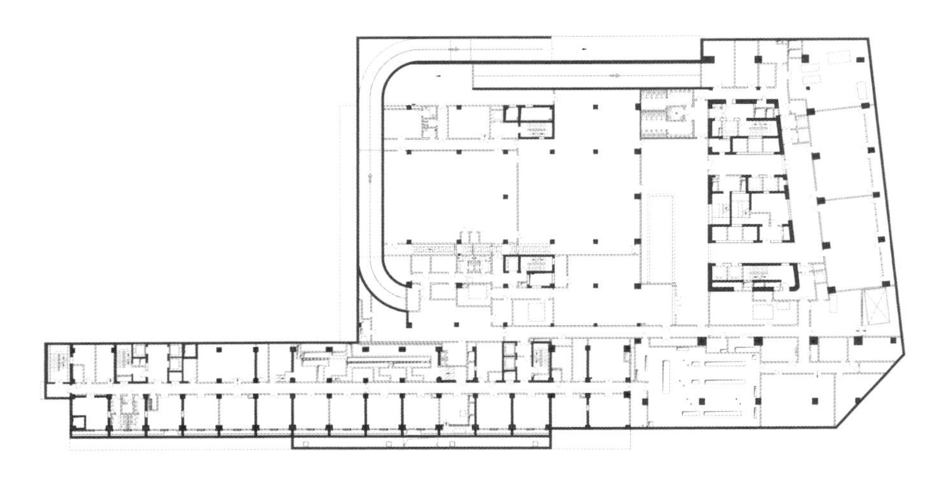

地下一层平面图

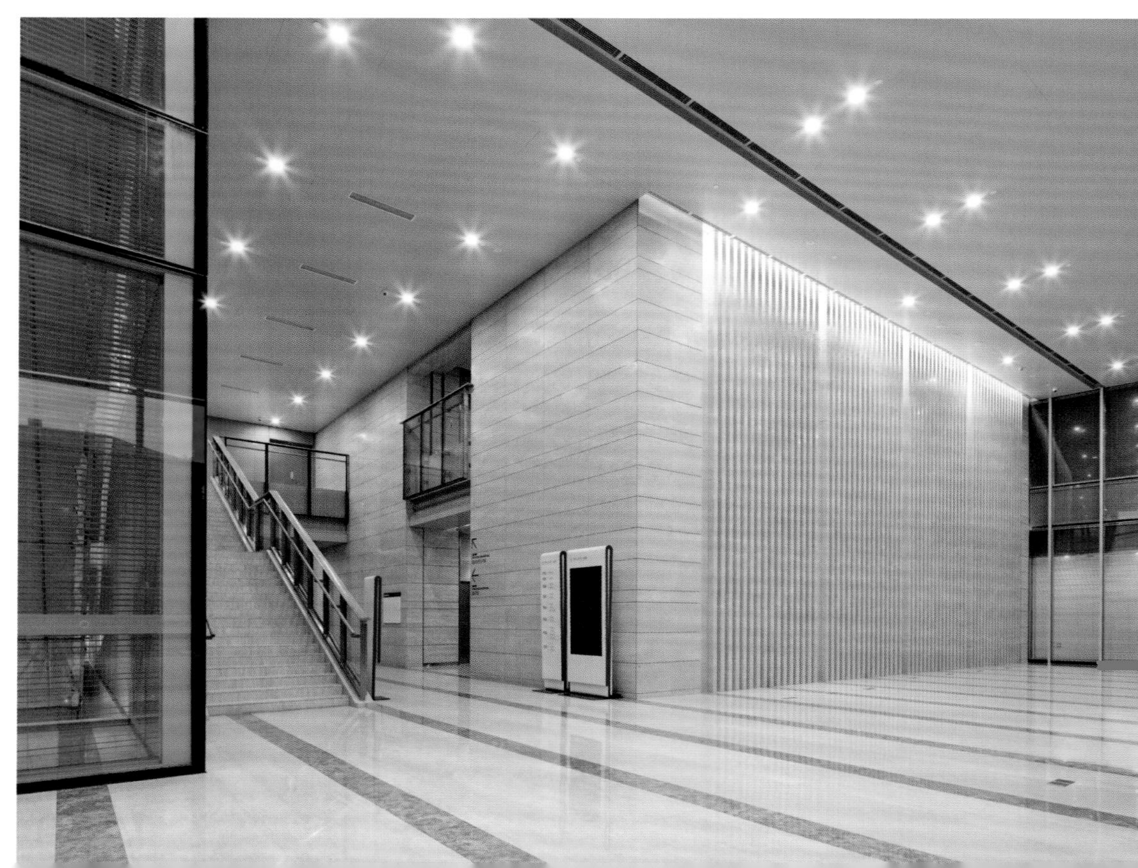

在教学空间的设计上，设计团队广泛调研师生的使用习惯，努力做到理念先进、以人为本。教学综合楼重点关注师生的学术科研和交流沟通，平面布局围绕中心交通核在东侧主教室一侧设置 5 米宽的走廊，作为学生交流、展示、储物柜设置的空间。南北两侧设置开放交流空间，把各个教学空间连为一体，构成有归属感的自由教学空间。教学层设置小讨论室、40 至 100 人教室等多种功能空间，满足不同学科和不同模式的教学需求。大型教室采用圆弧形环绕式布局，拉近师生间的距离，促进从授课式至启发式教学方式的转变。

在住宿空间的设计上，本项目按照“集约、共享”的原则细化设计，高效利用有限空间。专家公寓与学生公寓被合并在一栋建筑之中，共享首层公共空间。与此同时，居住层通过平面区域的划分实现两者的物理隔离，方便管理运营。同时，每间学生宿舍设置独立卫生间和封闭阳台，为在校学生提供良好的生活环境。专家公寓设置一居至三居不同户型，满足不同使用需求。

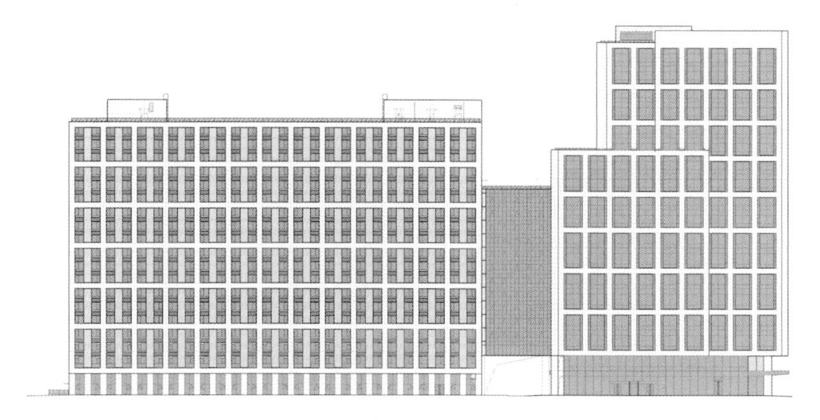

南立面图

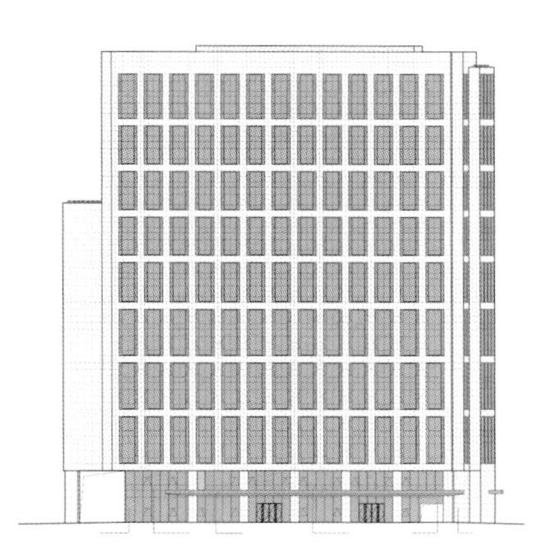

东立面图

作为人大校园中以及中关村大街上的重要建筑，本项目在建筑形象及立面设计上力求有序、内敛。建筑外墙采用模数化设计，在强调功能性的同时兼顾了立面的韵律。教学综合楼采用石材－玻璃组合幕墙，外窗采用两层一个单元的形式，中间为 2.9 米宽的固定玻璃采光区，两侧为 0.4 米宽的铝板装饰保温一体通风扇，在满足建筑节能的同时争取最大化的自然采光。宿舍楼考虑功能定位，外墙采用真石漆涂料，模仿石材效果。外墙采用幕墙体系，每 3 层一个单元，立面风格及尺度与教学综合楼统一。

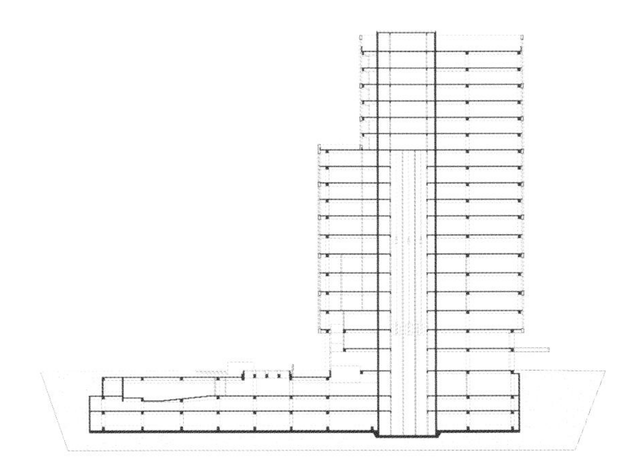

剖面图

中国船舶工业系统工程研究院翠微科研办公区改造项目

2015 年 · 北京市海淀区

本项目位于北京市海淀区翠微路 16 号中国船舶工业系统工程研究院内，是对设施老化、形象陈旧的办公楼进行的系统性改造。

本项目的改造对象包括主楼和辅助用房两部分。其科研主楼于 1981 年建成并投入使用，地上 9 层，地下 1 层，高 32 米，地上建筑面积为 8 703 平方米，地下建筑面积为 732 平方米，总建筑面积为 9 435 平方米。科研辅助用房地上 5 层，高度为 20.5 米，建筑面积为 4 175 平方米。

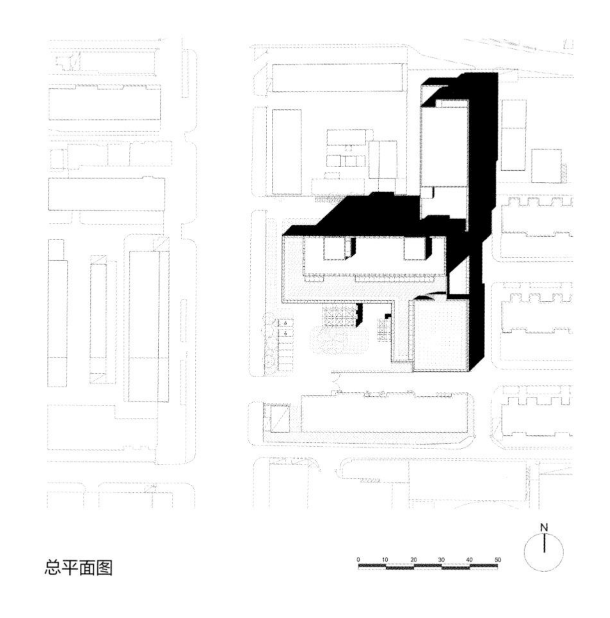

总平面图

作为船舶系统工程研究院对外展示的重点形象之一，未来翠微科研办公区规划改造后的功能定位为研究基地，主要承担总部管理、战略规划、体系研究、成果展示和会议交流等功能。现有的基础设施已无法满足要求，水、电、暖及消防、部分结构工程等需要相应的改造。同时本项目位于翠微商圈的核心地带，在翠微路上形象较为突出，因此外立面改造也同样重要。

本项目对科研主楼、辅助用房进行功能梳理。改造后，科研主楼功能为会议、科研办公；辅助用房功能为食堂餐厅及实验室。科研主楼及辅助用房保留主体结构并进行加固，将主楼裙房、多功能厅拆除重建，在多功能厅地下设置水泵房和消防水池等。

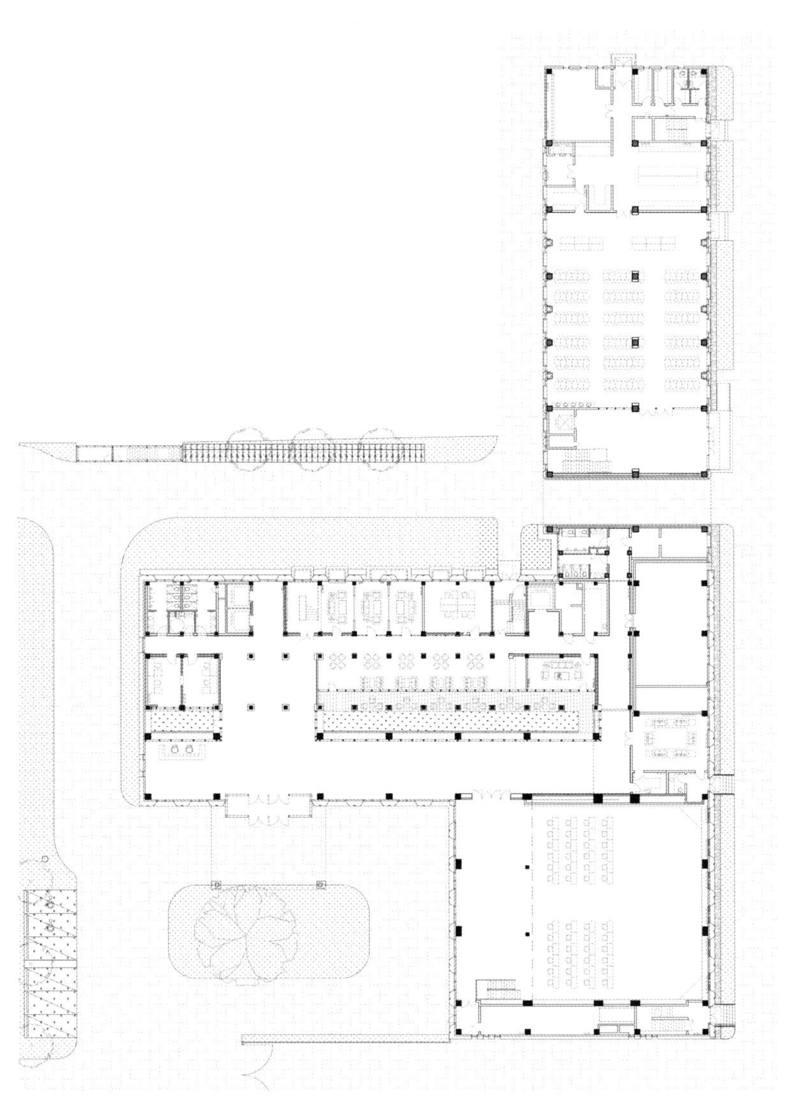

首层平面图

在内部改造方面，本项目的重点在于重新整合使用功能及提升空间的品质。科研主楼新增设两层通高的公共门厅，围绕门厅中间的室外景观庭院布置咖啡厅及共享交流区。优化后的功能房间能够更好地满足研发需求；适当的室内空间改造及装修改造可令使用者的办公环境得到改善；新的外墙系统和新的机电系统能够大大改善室内热工性能、采光通风条件、舒适性，并兼顾节能减排。

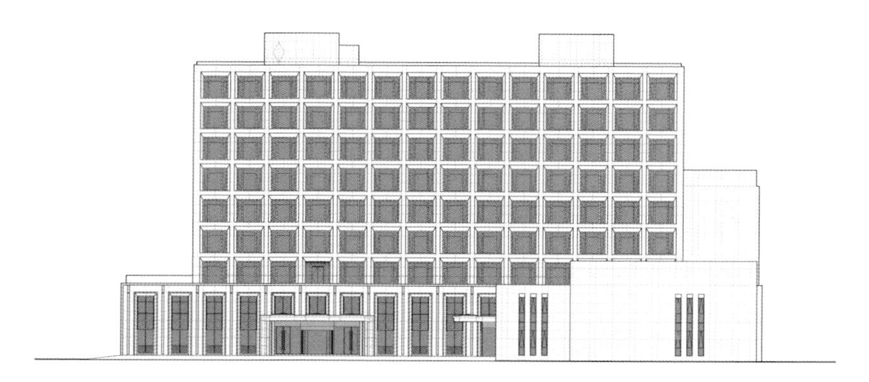

南立面图

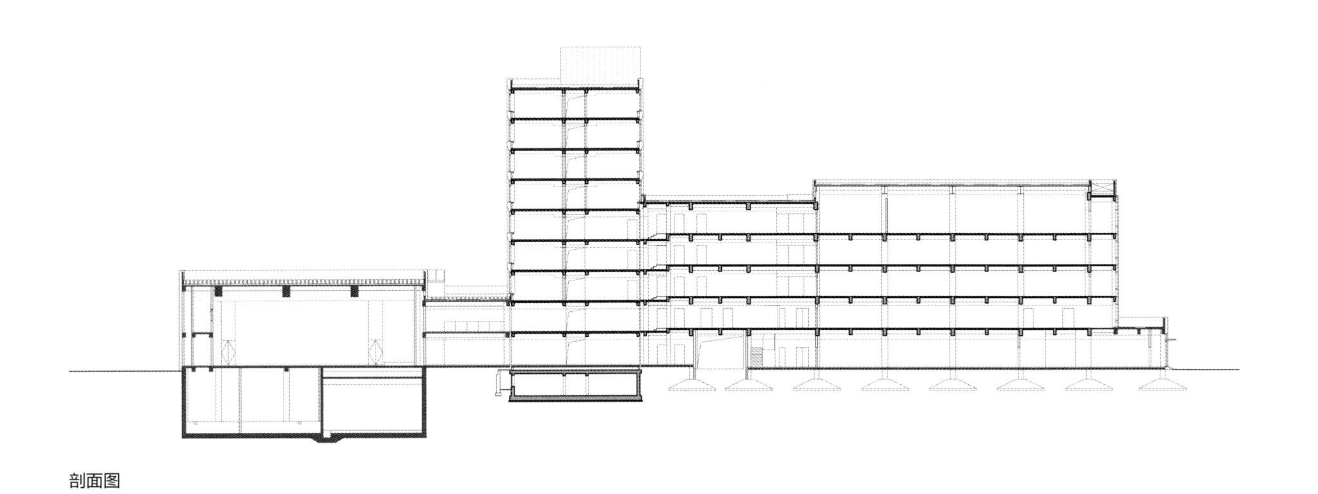

剖面图

CSSC
中国船舶工业系统工
SYSTEMS ENGINEERING

在建筑外立面改造方面，本项目采用先进、节能、绿色的建筑外墙体系，替换掉原有过时老旧的材料。科研主楼及辅助用房外墙拆除原有砌体维护结构，改为石材玻璃幕墙，采用外墙保温体系、Low-E 中空玻璃断桥铝合金外窗。同时，经仔细打磨的窗单元展现出简约、规整的立面形象。

景观设计保留了原院区中央具有标志意义的圆形树池和大树，并在裙房屋顶设置屋顶花园，丰富景观层次。

昌平未来科学城北区 A-21 地块

2015 年 · 北京市昌平区

昌平未来科学城北区 A-21 地块位于北京昌平未来科学城北区，东侧紧临京承高速公路，南侧是生态绿色的温榆河公园，北侧和西侧是央企研发办公建筑。本项目独特的地理位置为打造未来科学城的门户形象提供了有利的条件。

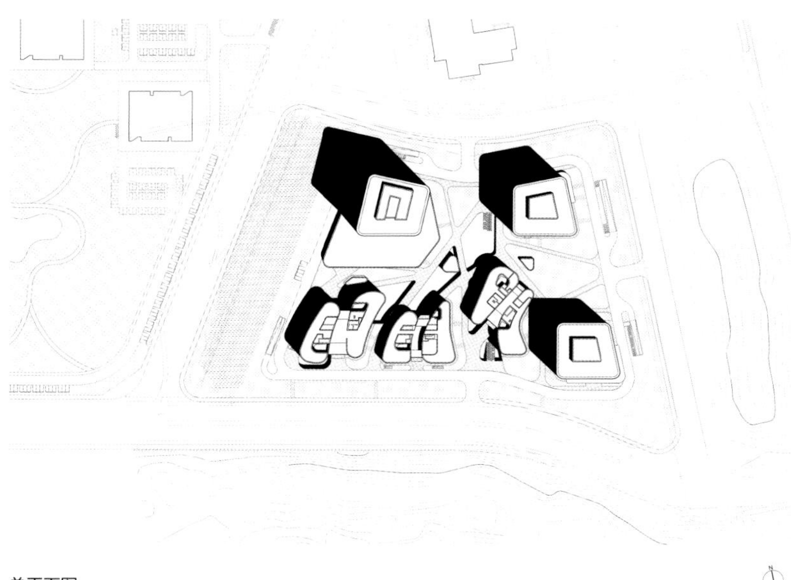

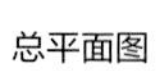

总平面图

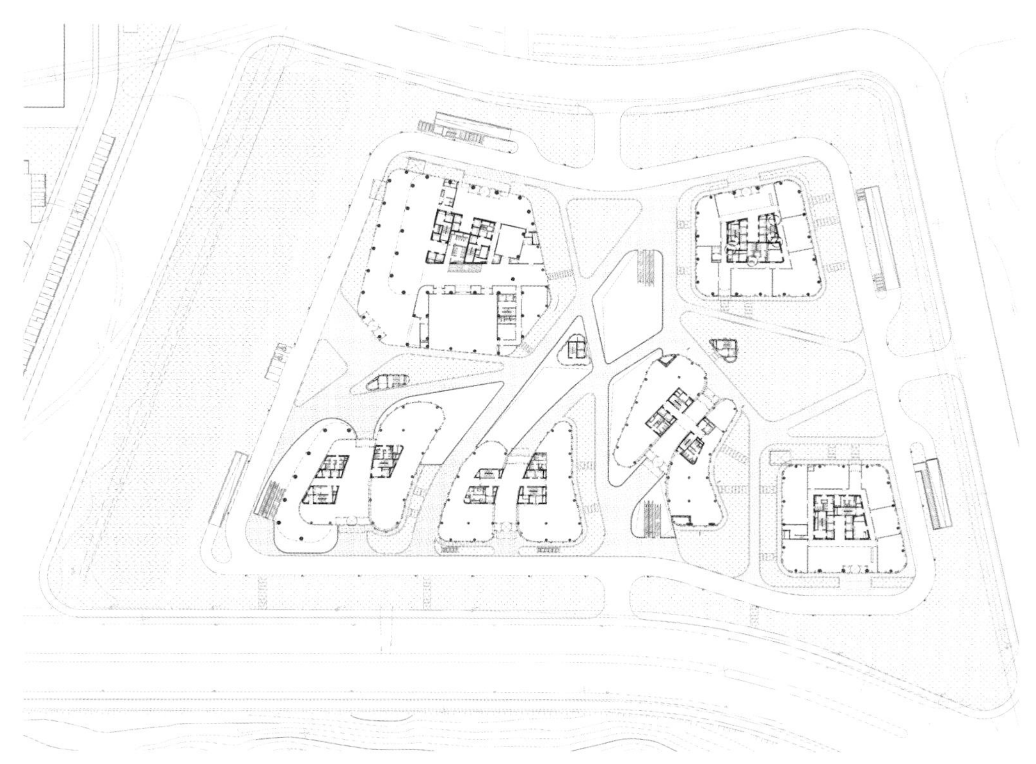

首层平面图

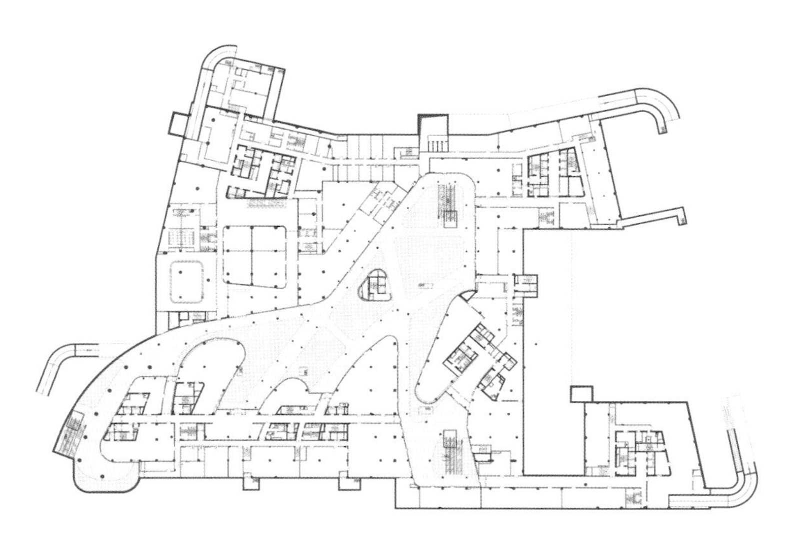

地下一层平面图

本项目建设用地面积近 4.5 公顷，总建筑面积 173 871 平方米，其中地上 112 300 平方米，地下 61 571 平方米，地上 4~25 层，地下 3 层。主要建筑功能包括商务办公、酒店以及配套商业，整体由 6 栋地上建筑以及整体连通的地下建筑构成。

本项目充分与环境融合、对话，整体采用流畅的曲线造型，通过相似形体和而不同、高低错落的变化，在温榆河畔创造出一个灵活优美的建筑组群形态，在周边众多恢宏、方正的央企建筑群中树起独特的形象。

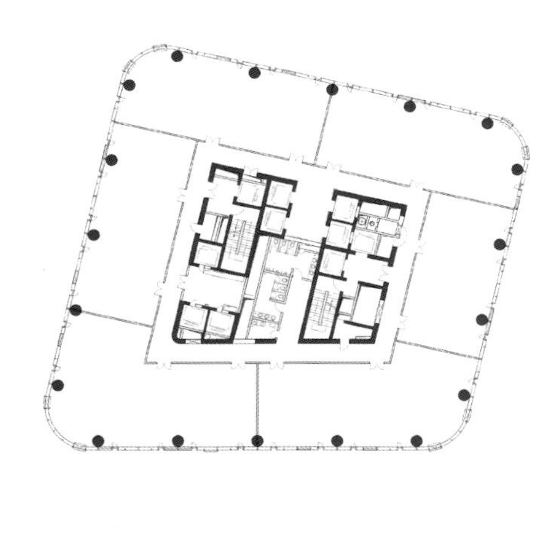

1 号楼标准层平面图

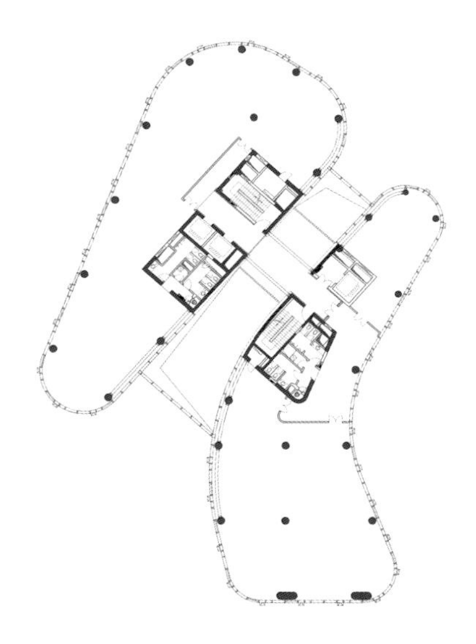

4 号楼标准层平面图

本项目响应功能需求，在项目中设置了总部办公、商务办公、创意办公、酒店及配套设施等多种功能空间，创造灵活、多样，能满足多种使用要求的现代办公模式。总部型办公楼分为 2 栋塔楼（2#、3#），设置于园区东侧；创意办公楼由造型各异的 3 栋单体建筑（4#、5#、6#）组成，位于园区西南，每栋单体建筑面积从 5 000 平方米到 10 000 平方米不等，内部以开敞空间为主要形式，能够适应多变的使用需求。主题酒店及商务办公空间共同组成综合楼（1#），位于园区西北角，建筑高 100 米，成为园区的制高点。

MINGYANG GROUP

本项目在建筑形态处理上与周边严整规则的央企研发建筑有较大区别：建筑形体圆润自然，灵动与静谧的建筑风格相得益彰，与温榆河流水的形态意蕴契合。在材质上，设计主要采用玻璃幕墙作为建筑外表皮，随着不同时段光影的反射变化体现出建筑不同的表情。此外，1#~3# 楼玻璃采用了不规则的、跳跃的白色丝网印刷网点与焗漆玻璃的表现方式；4#~6# 楼则采用了竖条状橘红色丝网印刷条纹与橘红色焗漆玻璃间隔跳跃的表现方式，颜色不同、灵动跳跃的外表皮给整体建筑群注入了活力。

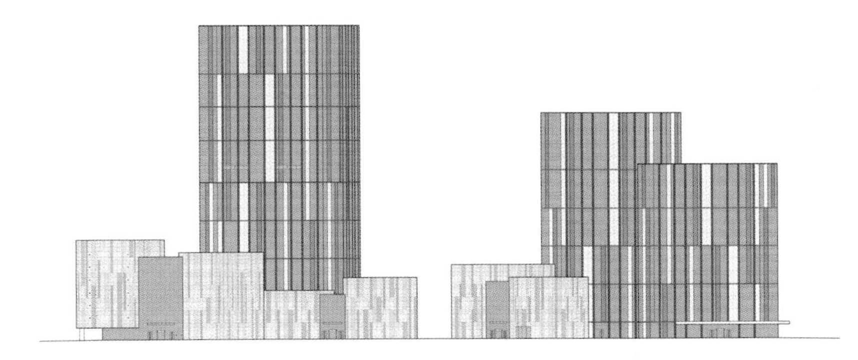

南立面图

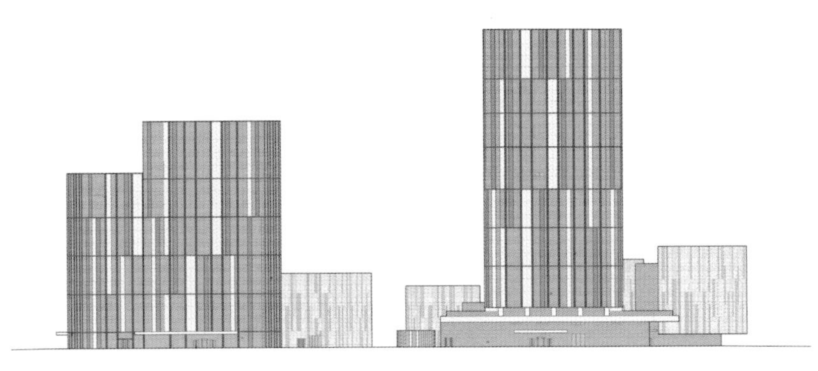

北立面图

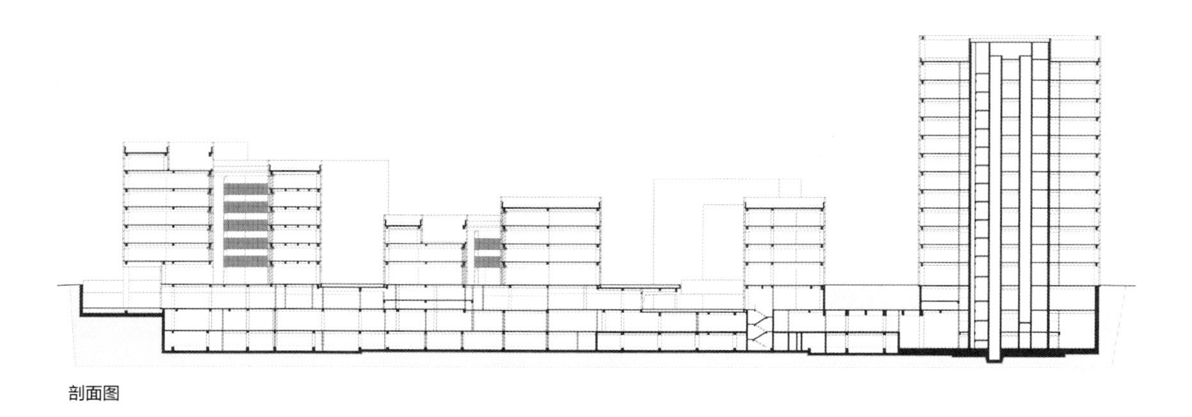

剖面图

在景观设计方面，本项目充分利用温榆河的景观资源，在用地内部设置大型的下沉绿化景观庭院，形成“园中园”式的场地景观。

本项目作为昌平未来科学城一个重要的项目，绿色、生态、健康是其主要的设计理念。本项目严格按照绿色建筑三星级的标准进行设计，选用环保、节能的建筑材料；在建筑空间设计上充分利用自然采光与自然通风，被动式节能措施与主动式节能措施相互补充使用，在有效节约能耗的同时保证商业空间与办公空间的品质。

鸿雁苑宾馆

2015 年 · 北京市怀柔区

本项目位于北京市怀柔区雁栖湖风景区内。用地位于风景区南侧一座山体的顶部，景色优美、视线开阔，山脉、湖泊等景观条件优越，与 APEC（亚太经合组织）会议主场馆区隔湖相望。

项目总用地面积 1.67 公顷，改扩建后项目总建筑面积 16 730 平方米，其中地上建筑面积 11 630 平方米，地下建筑面积 5 100 平方米。建筑檐口高 14.58 米，与原建筑的建筑高度保持一致。

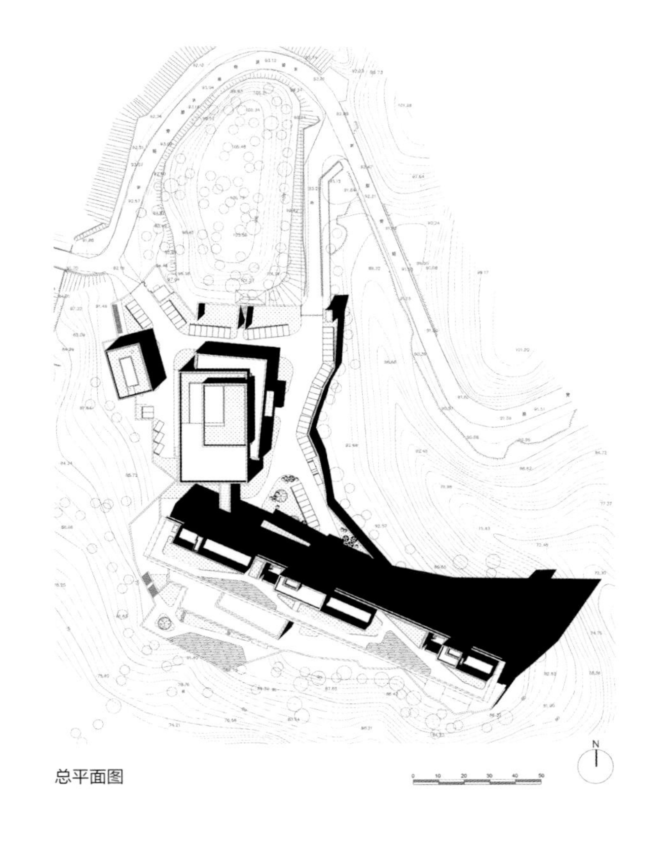

总平面图

本项目采用横向延展的形体与山体、湖面、水坝相呼应，让建筑自身也成为一个景观元素。本项目结合地形进行“一”字形客房和台地的设计，形成出挑的建筑体量。设计运用了悬挑和架空的手法，让人漫步在场地中无时无刻都能感受到自然风光的魅力。

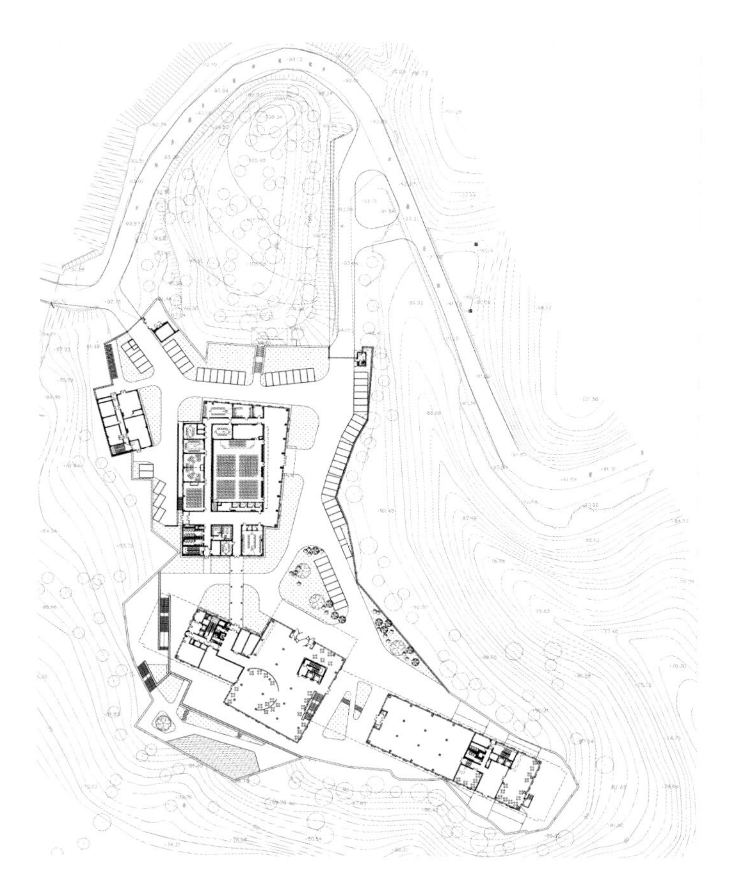

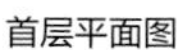

首层平面图

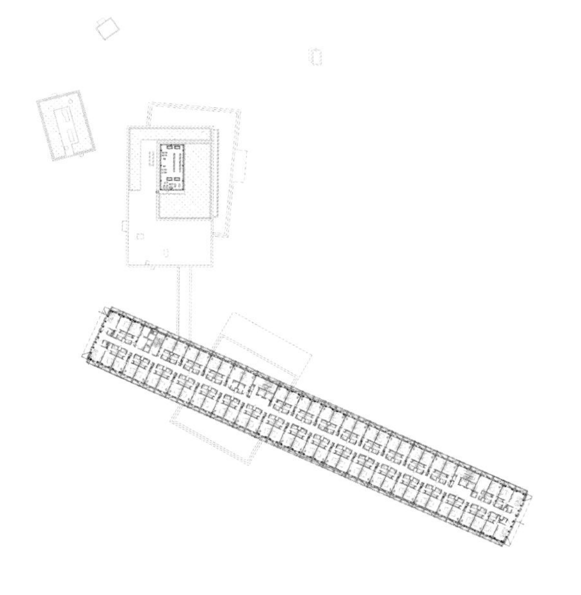

二层平面图

面对高差等地形条件问题，本项目充分利用场地条件创造出优良视野。设计利用不同高差的台地，营造出朝向南侧和东侧的层叠的观景平台，通过南侧的室外台阶，可以通向几个不同标高的平台，亦可从建筑各层平面直接到达平台。直通屋顶的电梯可以到达建筑的屋顶花园，这里提供了 360 度视野的最佳观赏条件。

在建筑外墙材料的选择上，建筑地下部分外墙采用了当地石材，外表面为自然劈开面，使建筑的外墙与毛石挡土墙以及山体很好地融合在一起。建筑首层采用了晶莹通透的玻璃，使 2、3 层客房的矩形体量如同消失了重力感飘浮在空中，同时也为首层的公共空间提供了无遮挡的观景体验。被抬升在空中的客房部分以及会议中心的外墙采用了浅灰色的轻质混凝土挂板，此材料既环保又具有表现力，在色调上与石材非常协调。

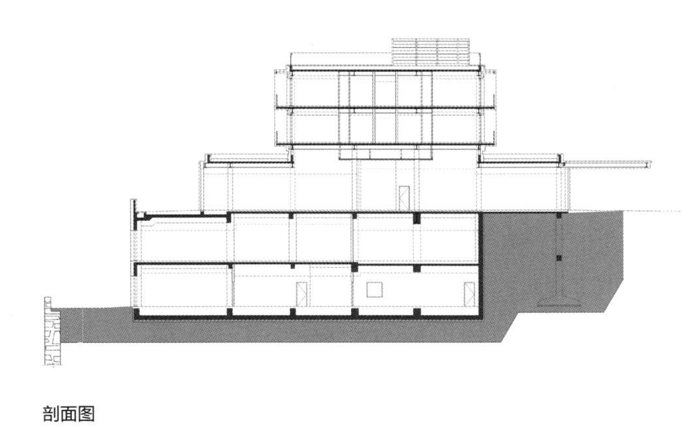

剖面图

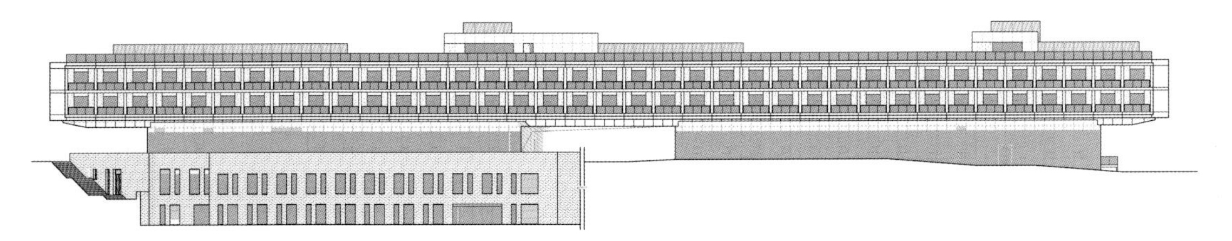

西南立面图

本项目合理设置了功能与流线。访客从场地东北角主入口进入场地，接待中心位于场地居中位置，通过大堂可以通向 2、3 层的客房，也可以通向地下的餐厅和活动室等空间。会议中心在接待中心的北侧，通过室外连廊相连。会议中心和后勤楼都位于地上一层，在地面上各自独立，地下室相互连通。

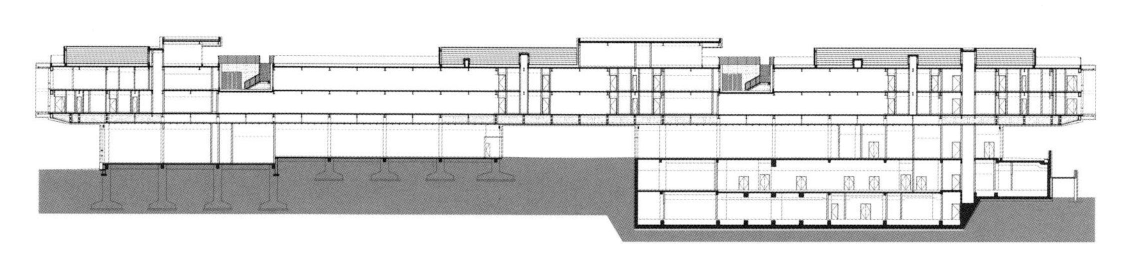

剖面图

在景观层面，本项目采用了多层级的景观系统。入口广场在用地的东北侧，是本项目主要交通集散的场所，绿化空间以草地、低矮灌木为主，在适当位置点缀高大的落叶乔木。观景平台作为次级景观系统，结合地形设置在宾馆主楼的西南侧和东侧，通过小品、景观树木、硬质铺装等丰富的元素，优化景观环境。屋顶花园位于宾馆客房的屋顶，作为项目的制高点，享有 360 度最佳的观景条件，是人们休息交流和室外聚会活动的最佳场所。

北航北区宿舍、食堂、五号楼、第一馆、三号楼

2016 年 · 北京市海淀区

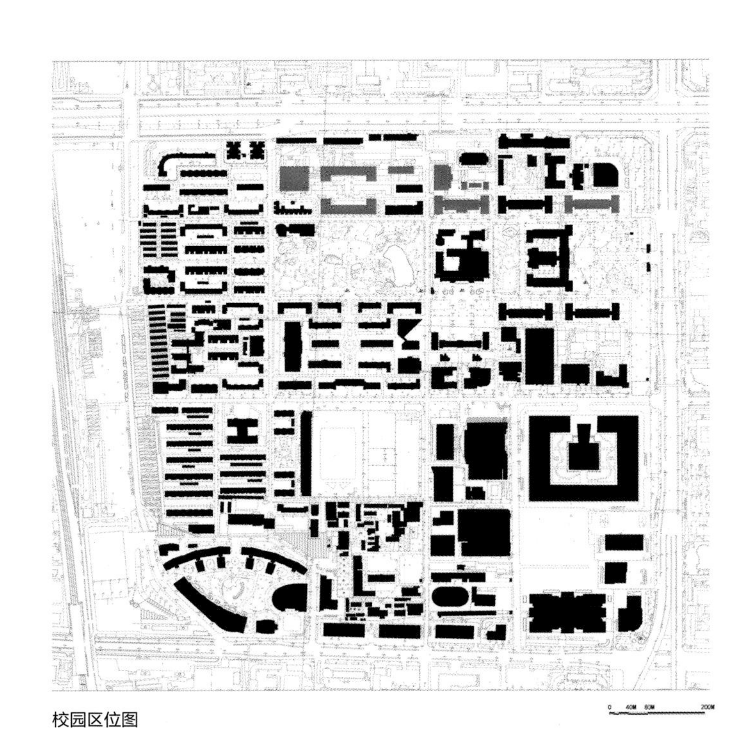

校园区位图

北京航空航天大学始建于 20 世纪 50 年代，历经几十年的发展建设，产生了诸多优秀建筑，形成了北航特有的理性的、清晰的空间格局。在总体功能区划分上，北航分为西侧家属区、东侧教学区、中部生活区；在空间结构上，以老主楼为核心的教学轴线贯穿东西，以中心景观绿地为核心的生活轴线统领南北。北航北区宿舍、食堂、五号楼、第一馆、三号楼等项目位于北航老校区北部，是在尊重和延续校园空间形态的前提下，对校园空间环境的有机改造更新。

北区宿舍、食堂项目场地位于生活轴线的重要节点上，南部紧临校园最大的景观绿地，北侧临北四环与现状沿街住宅。场地内既有建筑设施陈旧、外部环境拥挤，改造更新迫在眉睫。

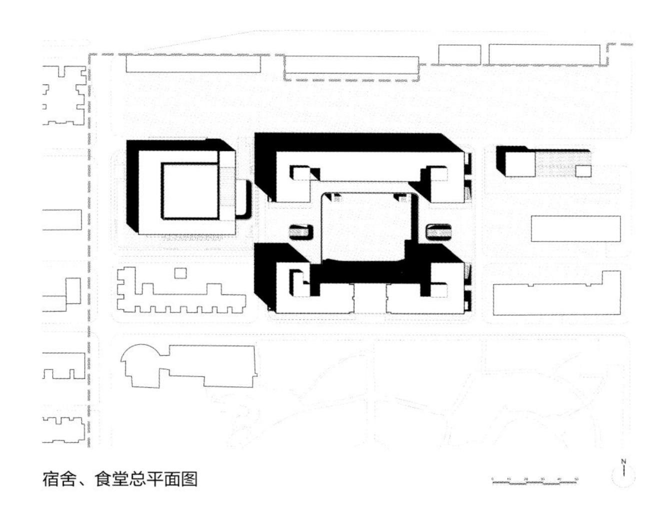

宿舍、食堂总平面图

同学们入住，共享共建美好

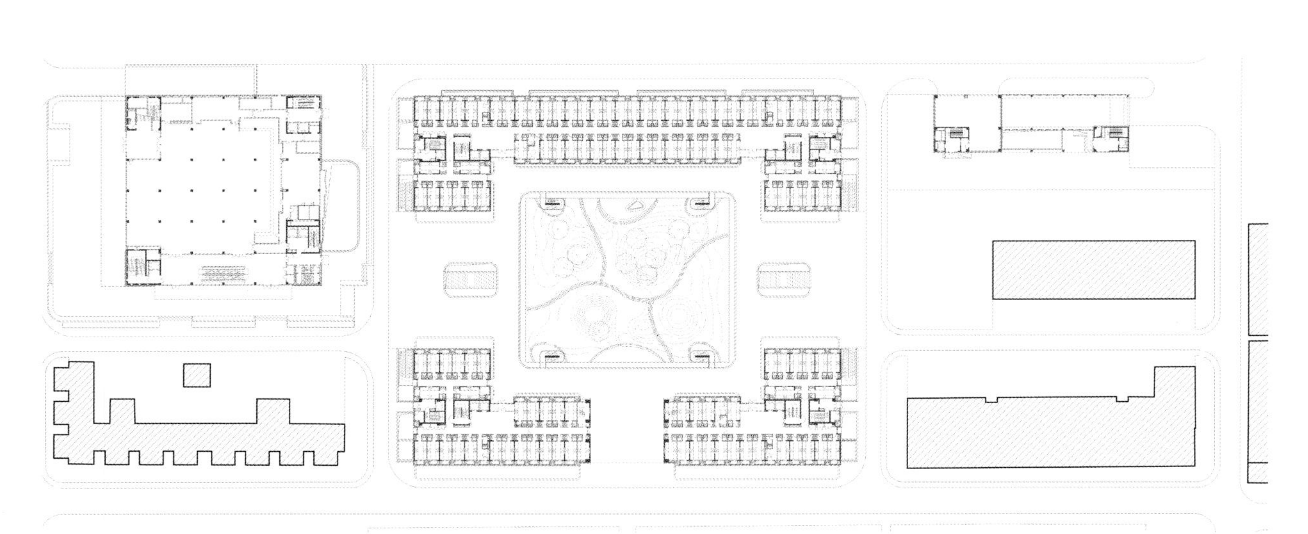

宿舍、食堂首层平面图

项目总建设用地面积 4.4 万平方米，总建筑面积 115 991 平方米，其中地上 42 586 平方米，地下 73 405 平方米，地上 7 层，地下 4 层。功能集宿舍、食堂、大学生创业中心等于一体。

在规划策略上，项目尊重校园规划，对既有空间环境进行优化。宿舍以双“C”对扣的形式布置于生活轴尽端，重塑了校园生活轴线，并且可将南立面向轴线完整展现。食堂置于场地西北部，更好地服务周边住宿区。垃圾站位于东北角，独立于主体生活区之外。

在组群布局上，本项目打造了以下沉庭院为

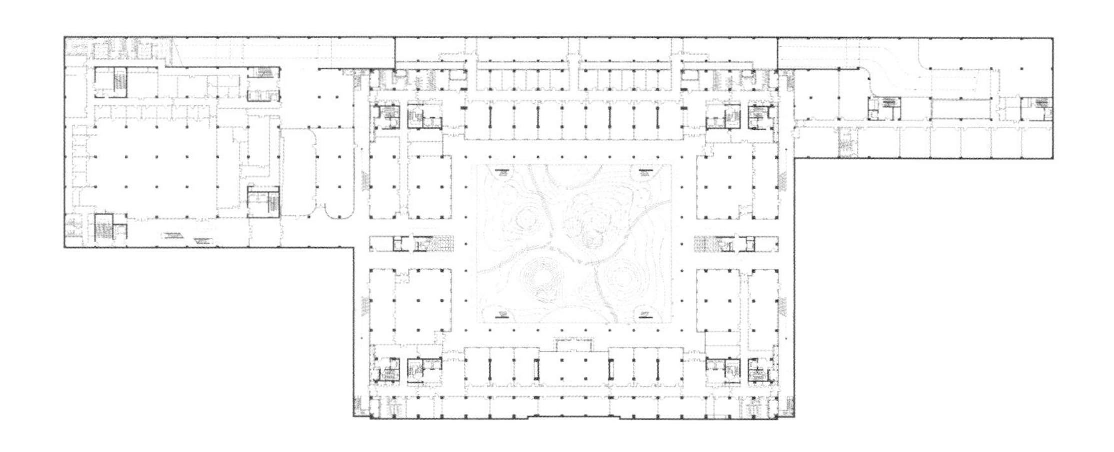

宿舍、食堂地下一层平面图

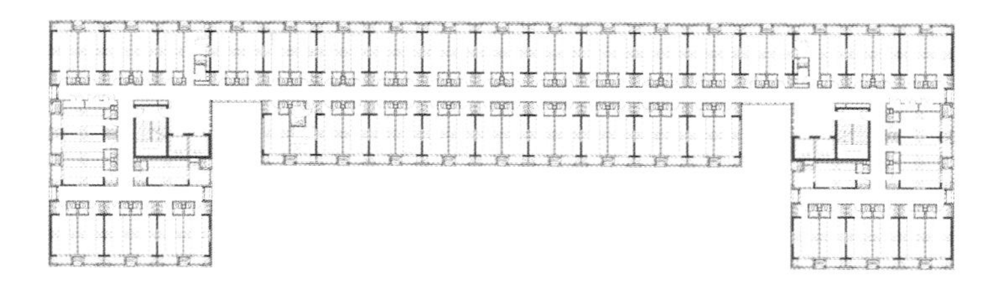

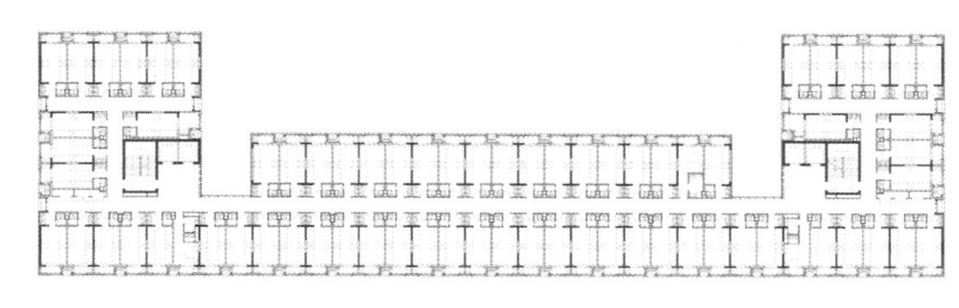

宿舍二层平面图

核心的“双主层”空间模式，系统立体地整合功能、交通、景观。项目将宿舍与食堂的地下一层连通，形成了“双主层”模式，大大缓解了地面的交通压力；同时将创业中心、自行车库、物业、风味食堂等功能组织于地下，利用下沉庭院带来充足的采光与通风，最大限度利用有限空间；此外，下沉庭院也创造了立体、共享的景观体系，极大程度地优化了生活环境。

在此基础上，本项目对各项功能进行精细化设计，如宿舍家具一体化设计等，最大限度保证使用的舒适性。此外，项目立足适宜技术，采用太阳能、空气源热泵、雨水综合利用系统等，打造可持续校园。

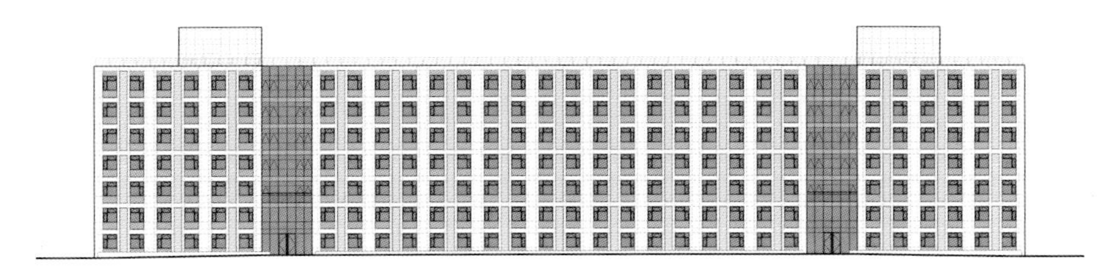

宿舍北楼南立面图

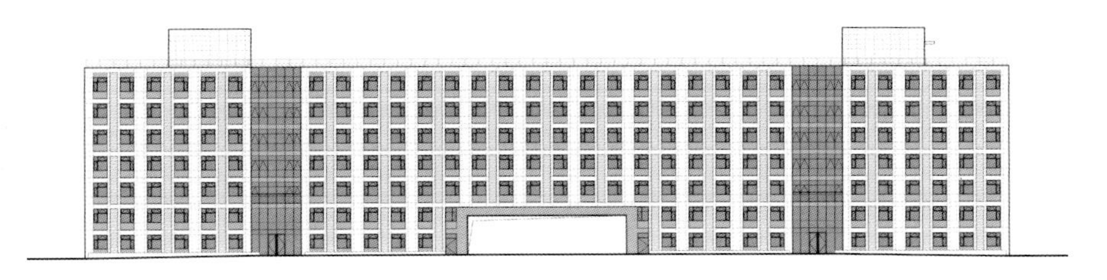

宿舍南楼北立面图

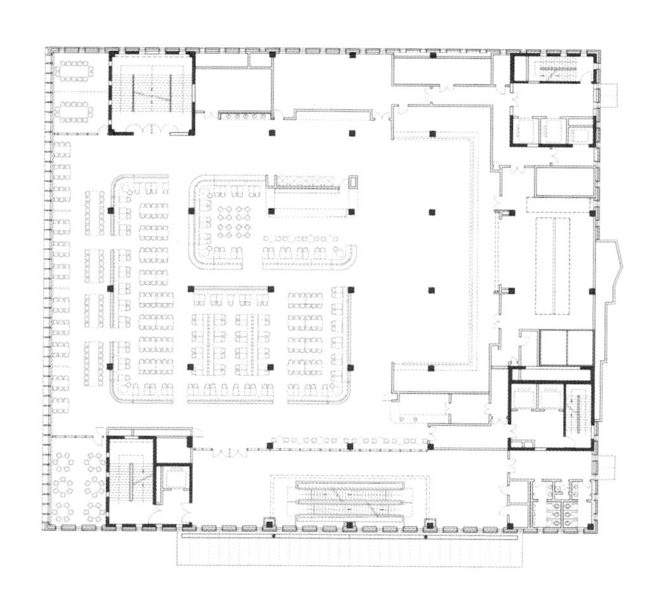

食堂二层平面图

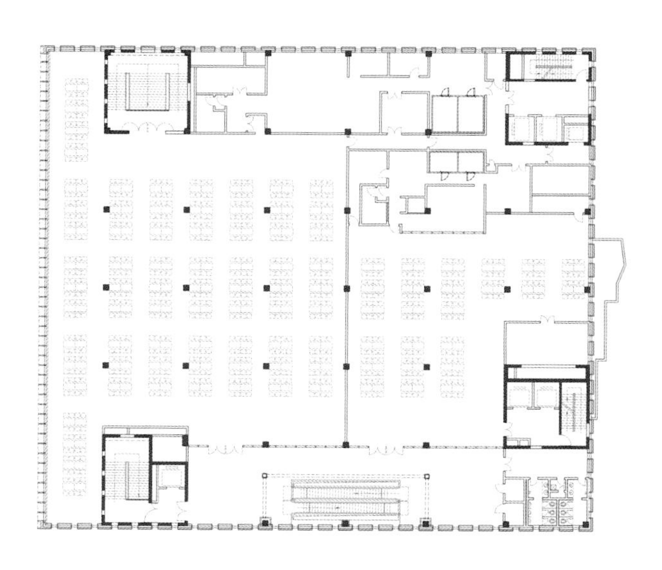

食堂三层平面图

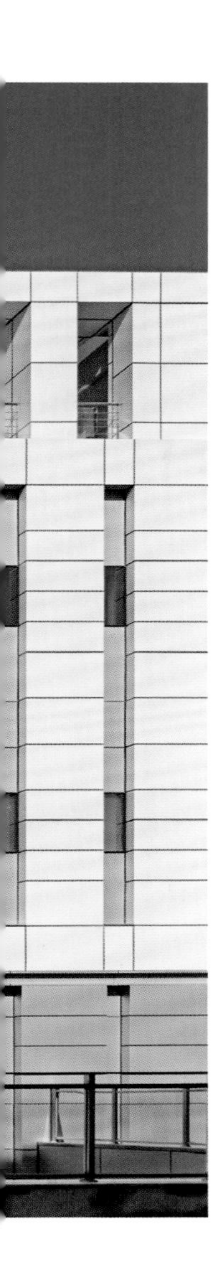

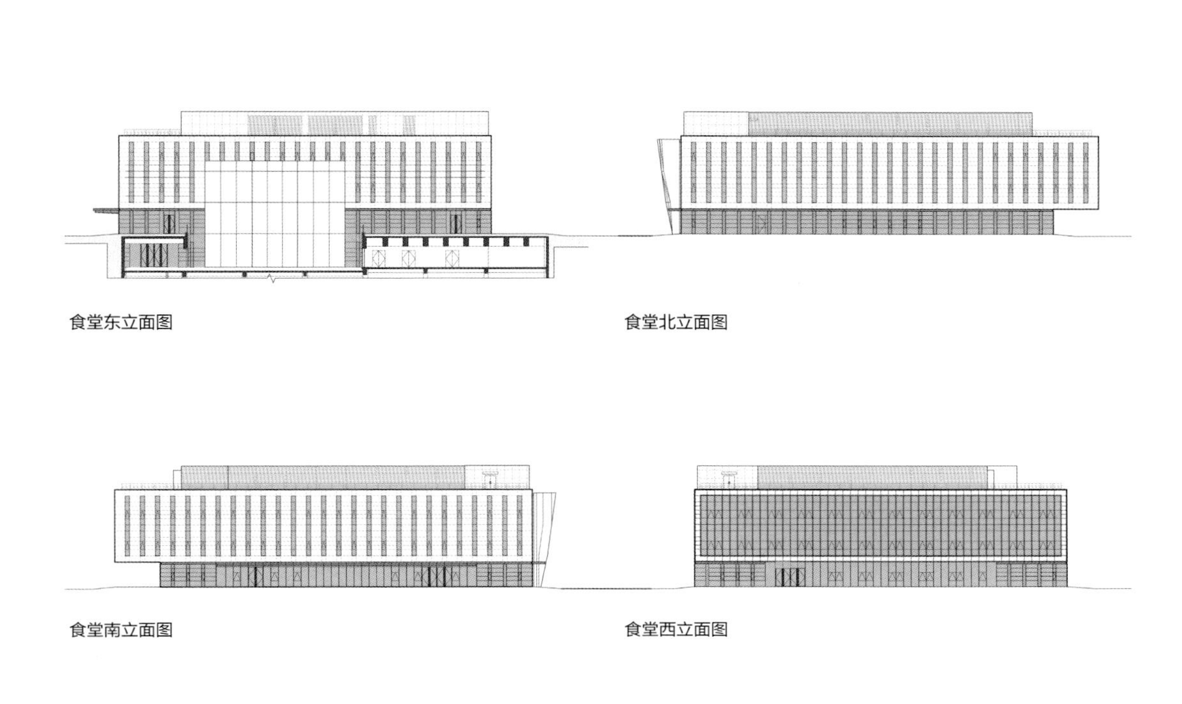

食堂东立面图

食堂北立面图

食堂南立面图

食堂西立面图

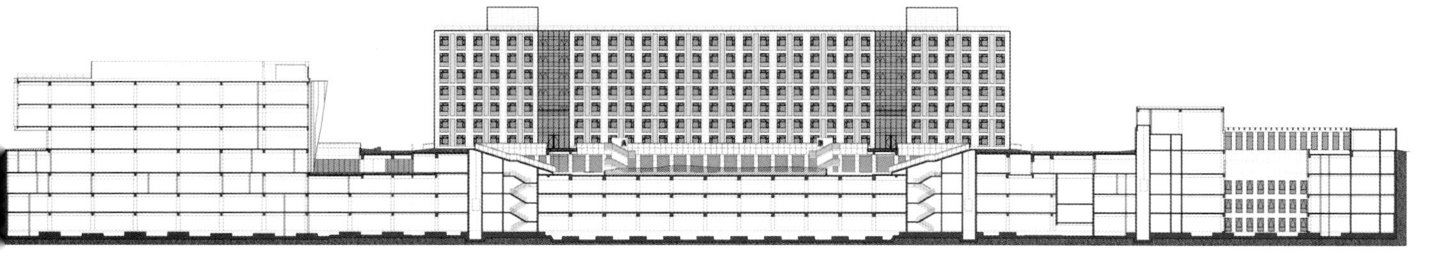

宿舍、食堂剖面图

五号楼、第一馆项目场地位于北航教学区，北临柏彦大厦，南临校图书馆，西侧为学生宿舍区，东临北航优秀近代建筑群。

项目总用地面积约 1.5 万平方米，总建筑面积 46 802 平方米，其中地上 17 204 平方米，地下 29 598 平方米。主要功能以实验室为主。

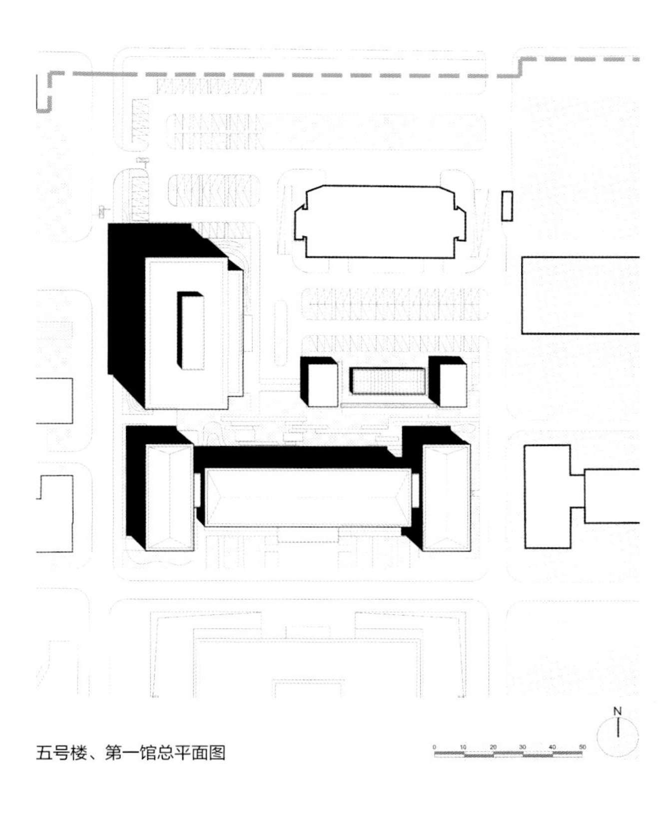

五号楼、第一馆总平面图

五号楼

在规划策略上，项目在南侧界面延续校园教学主轴，将 5# 实验楼延续 1#~4# 教学楼的设计模式，塑造完整、延续的立面形象；在北侧以院落为核心，营造优美的庭院景观，既为使用者提供便利，又从校园尺度延续了校园棋盘状的景观体系。

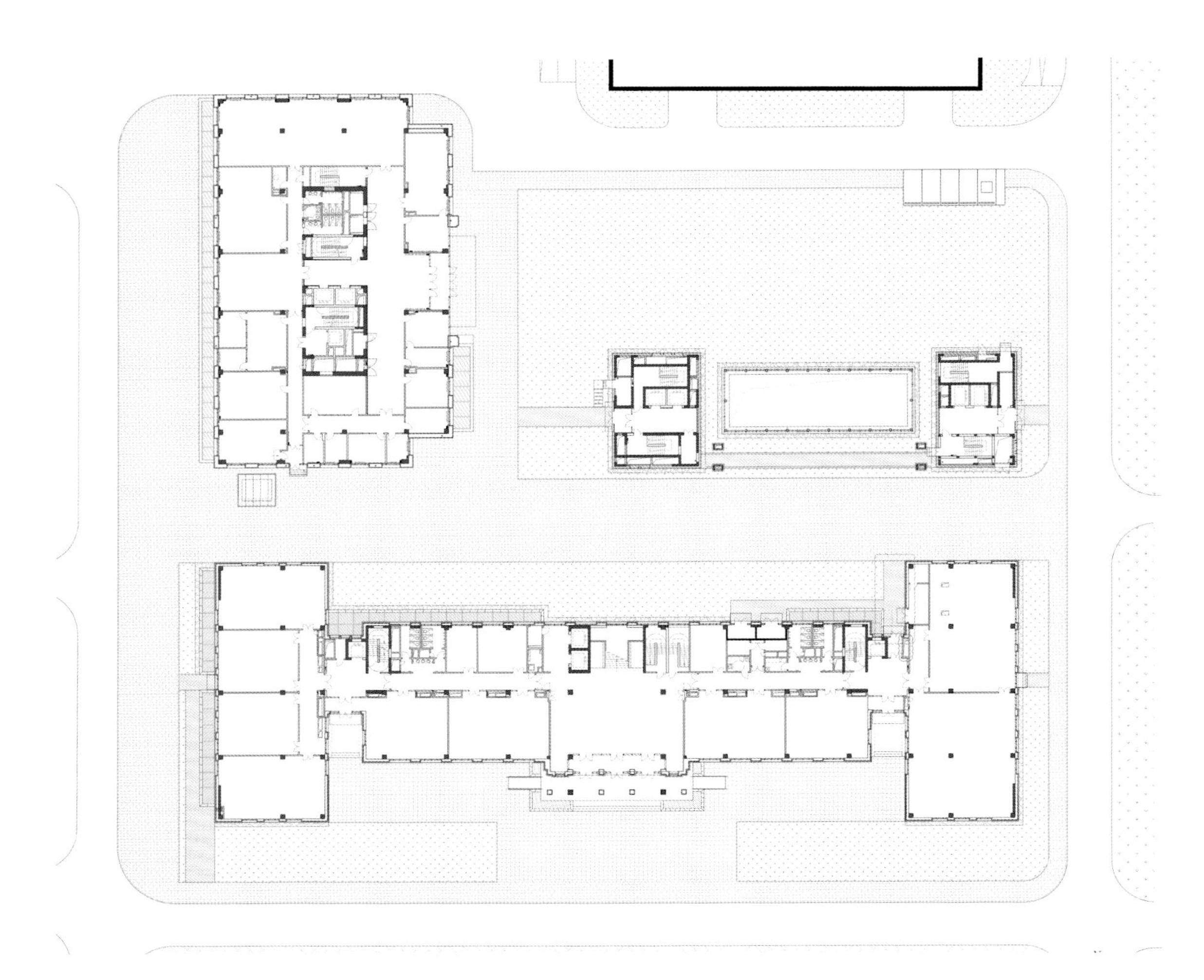
五号楼、第一馆首层平面图

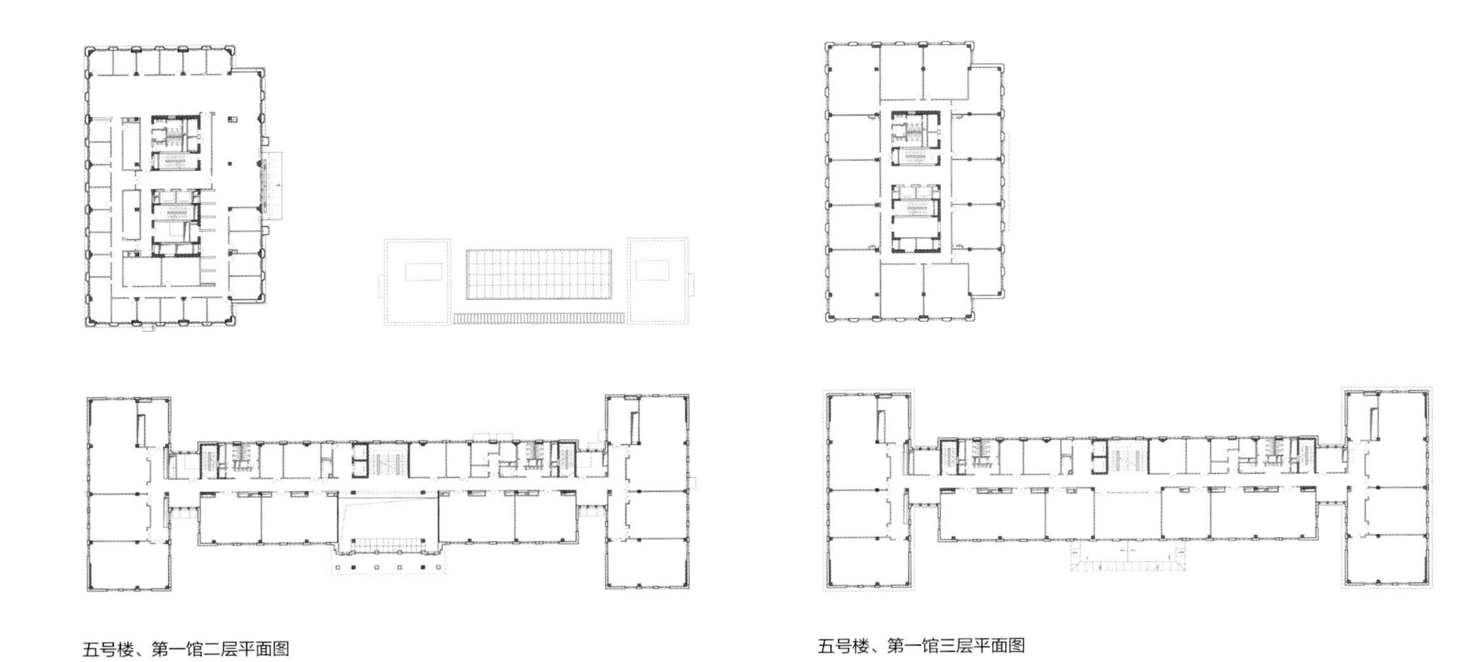

五号楼、第一馆二层平面图

五号楼、第一馆三层平面图

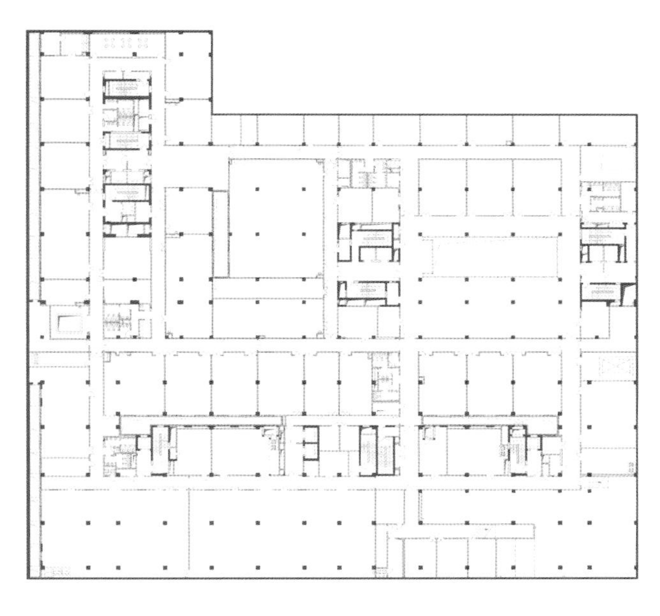

五号楼、第一馆地下一层平面图

在建筑设计上，项目保留校园记忆，延续了1#~4# 楼的经典空间特征，留存北航记忆；设计标准实验单元，提高空间使用的弹性；同时充分利用地下空间，围绕 3 层通高的共享中庭设置地下实验室。

五号楼北立面图

五号楼南立面图

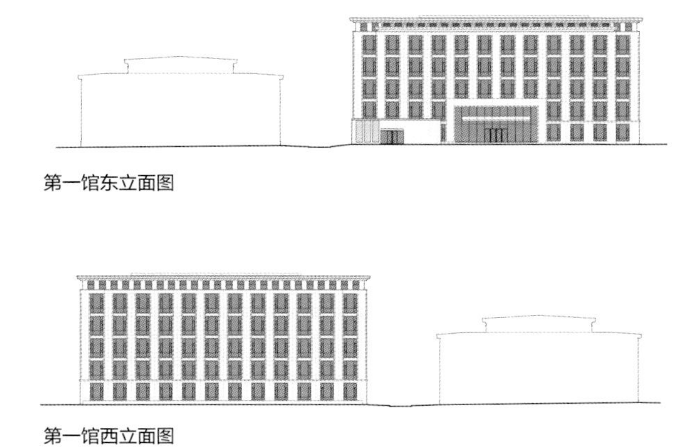

第一馆东立面图

第一馆西立面图

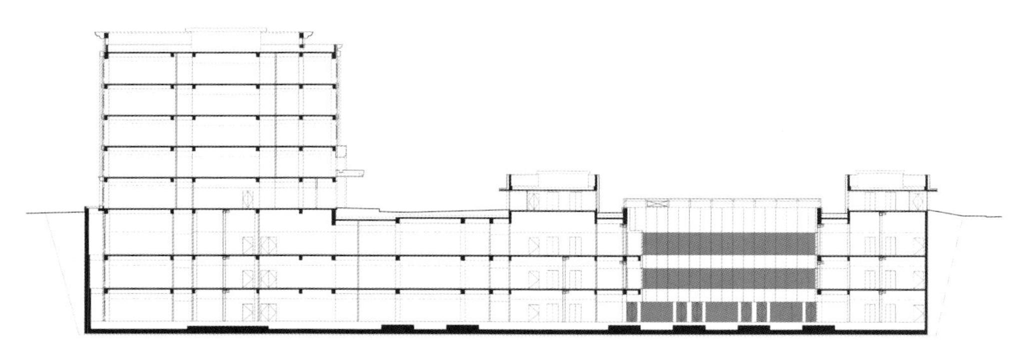

五号楼、第一馆剖面图

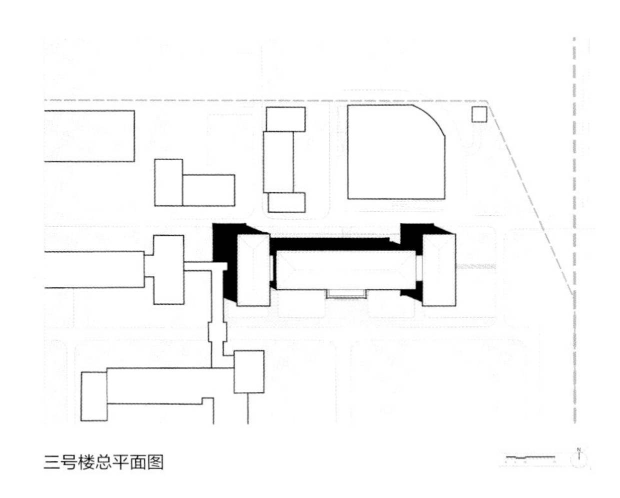

三号楼总平面图

三号楼位于学院路教学区东北角，西侧紧临四号楼，西南侧与老主楼通过连廊连通，南侧与一、二号楼对望，共同构建了教学区空间环境和建筑风格的基底。三号楼始建于 1954 年，由北京市城市规划管理局设计院（北京建院前身）“八大总”之一的杨锡镠先生主持设计，于 2007 年被列入《优秀近现代建筑保护名录（第一批）》，于 2020 年被列为北京市第二批历史建筑。

能源与动力工程学院

项目建筑面积 8 910 平方米，地上 4 层，建筑高度 17.11 米，结构形式为砌体混合结构。建筑立面为经典的三段式，檐口以传统斗拱、椽子等部件作为装饰，比例尺度协调，细部形式优美。内部为 2 层通高大厅，以中式韵味的回马廊和藻井天花作为造型特点，呈现出强烈的时代特征。

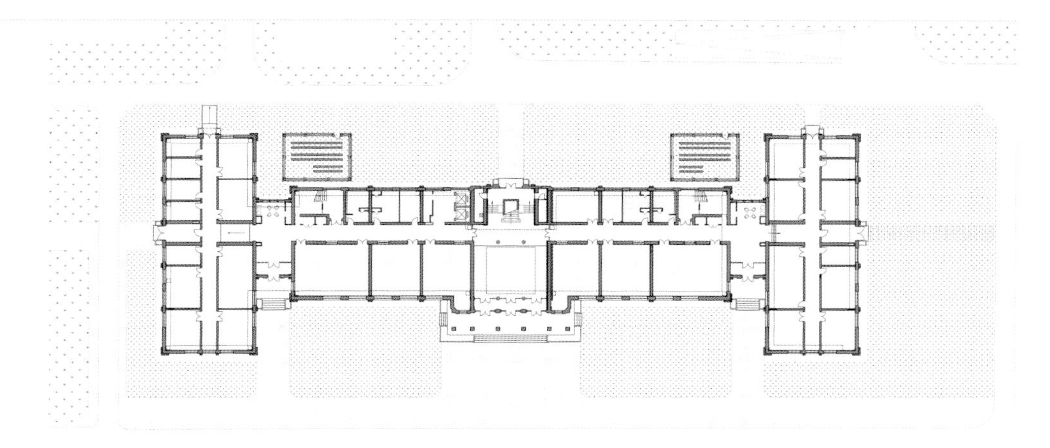

三号楼首层平面图

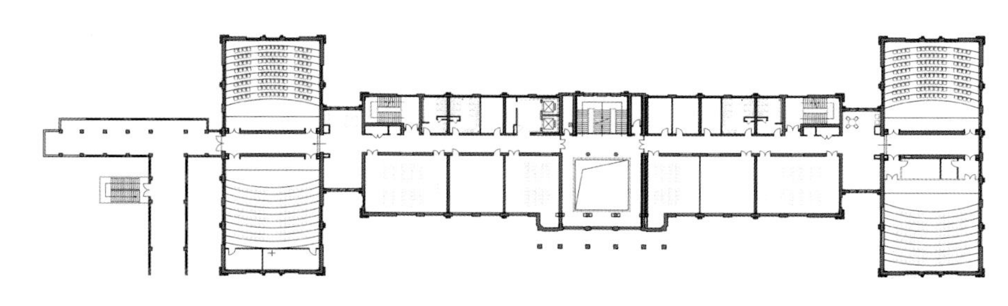

三号楼二层平面图

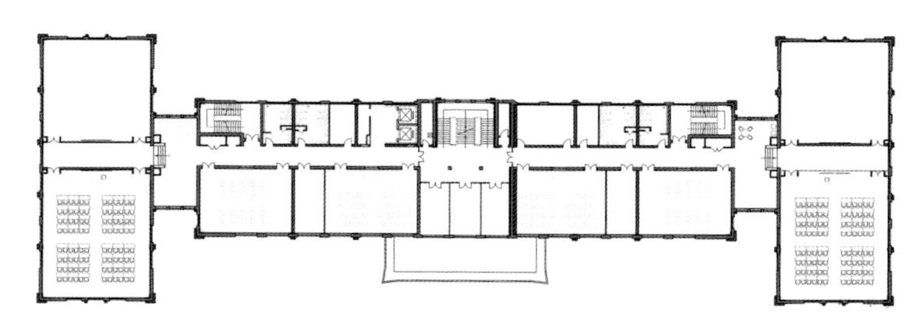

三号楼三层平面图

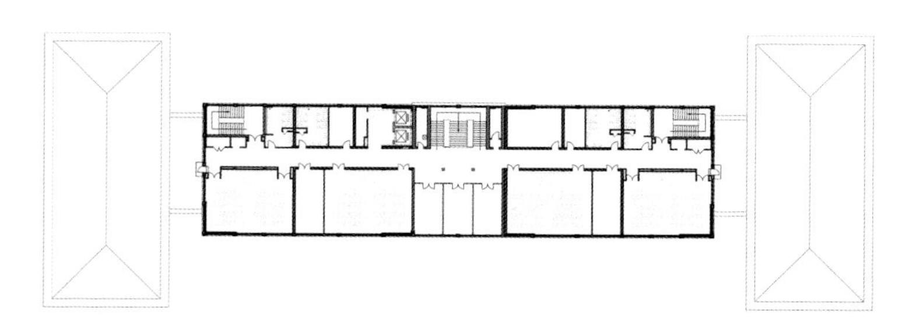

三号楼四层平面图

经过 60 余年的使用，三号楼在结构、消防、外观、建筑性能等多方面存在诸多问题与隐患。以“最小干预”为原则，本次改造提出了延续建筑风格的整体修缮复原、保持历史风貌记忆的有机更新、提升安全性和使用品质的整体更新 3 条策略。

在延续建筑风格的整体修缮复原方面，由于建筑的外立面与门厅空间形式优美，细部精妙，独具遗产价值，需要严格保证其改造前后的一致性。仿石灰泥替换仿石涂料，最大限度体现建筑建成之初水刷石立面的色彩与质感；设计采用传统手法对门厅天花、扶手、地面等进行修缮翻新。

三号楼南立面图

在保持历史风貌记忆的有机更新方面，建筑的外窗、阶梯教室、公共走廊等部分颇有传统韵味与时代记忆，在改造过程中进行了有机更新。其中，设计对新的外窗材料、构造、划分方式等进行更新，提升外窗性能；对教室地面、管线、桌椅等进行翻新，提升使用功能的同时保留传统教室的空间感受；在保留走廊尺度与形式的基础上，对吊顶、照明进行优化，进而符合现代化教学楼特点。

提升安全性和使用品质的整体更新主要体现在结构加固及增设新设备。在复原外立面的基础上，设计采用内墙喷射混凝土板墙加固 + 钢筋网水泥砂浆面层加固 + 局部沾钢加固的综合性解决方案加固结构。在保证门厅区域完整的基础上，设计在建筑内增加了消防系统、电梯、空调系统等，进一步提高建筑的舒适性。

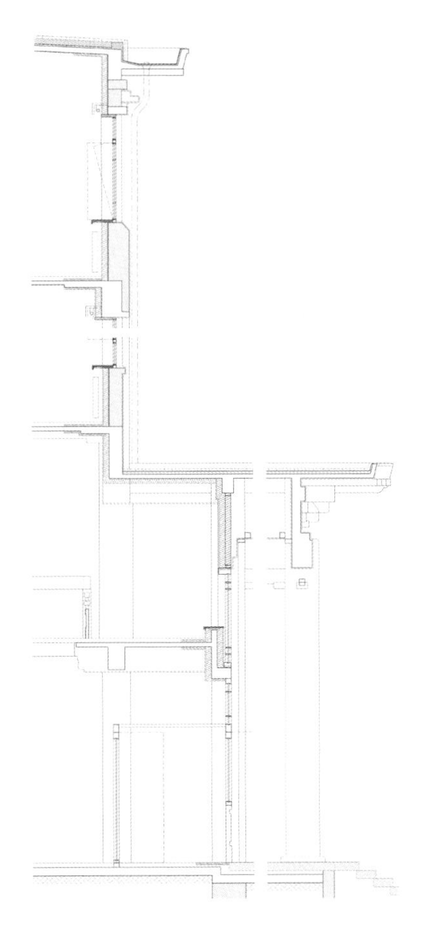

细部详图

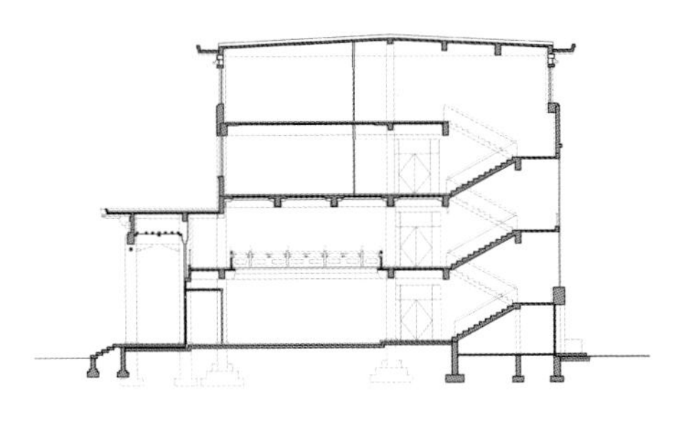

三号楼剖面图 1

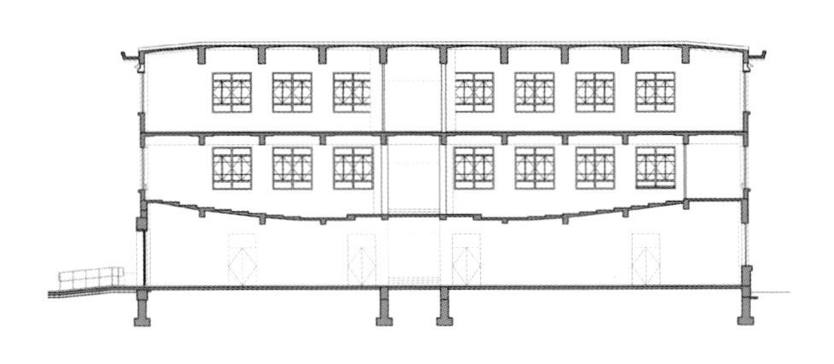

三号楼剖面图 2

北京大学医学部图书馆改扩建工程

2017 年 · 北京市海淀区

本项目是针对北京大学医学部原有图书馆的改造，项目位于北京市海淀区学院路 38 号，处于北京大学医学部校园中轴线的核心位置。

原有图书馆于 1985 年由北京市建筑设计研究院设计，1989 年建成。经长期使用，老建筑年久失修，环境品质较差，不符合北京大学“双一流”高校建筑精神核心的气质。原有建筑形态呈“U”字形，地上 4 层。馆舍建筑面积为 9 680 平

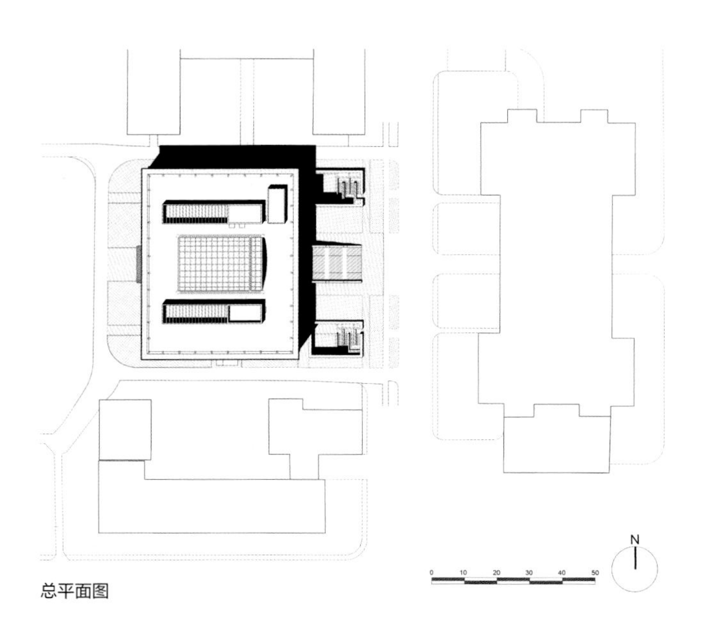

总平面图

方米，共有各类藏书 63 万余册，藏书占用图书馆内较大面积，因此馆内仅能提供阅览座位 600 余个，阅览空间面积严重不足。同时，受制于北京总规首都核心区减量发展的要求，学校决定在不增加地上建筑面积的情况下对图书馆进行整体改造，提升图书馆藏书量和阅览空间，改善环境品质。

医学图书馆

医学图书馆

2023
新春快乐

PEKING UNIVERSITY MEDICAL LIBRARY

PEKING UNIVERSITY
MEDICAL

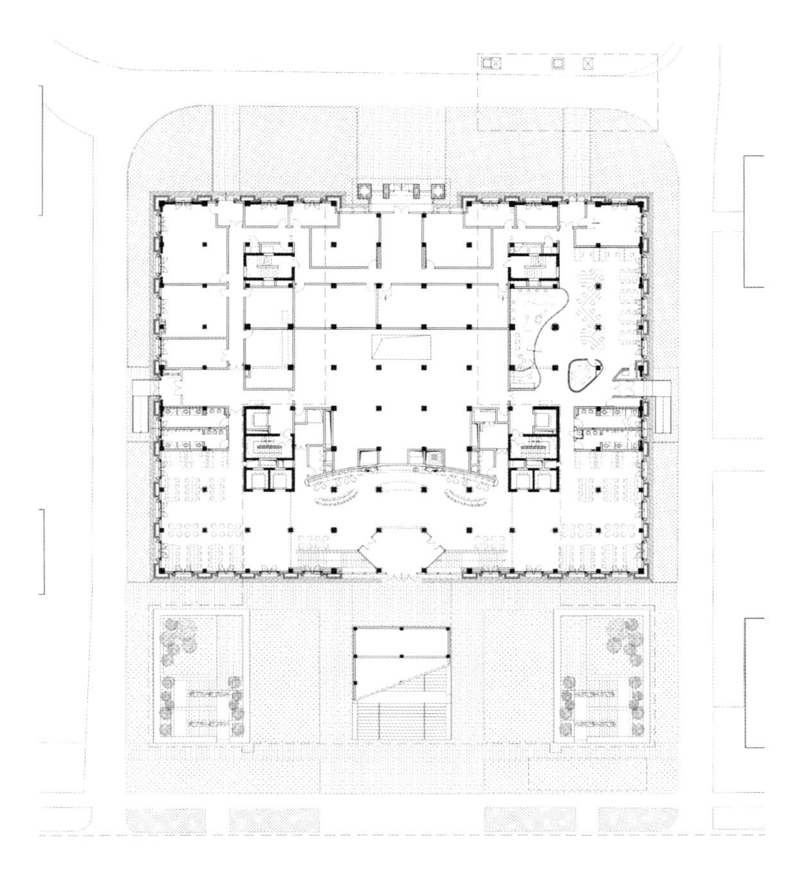

首层平面图

在改造中，项目以“书山”作为设计立意，构建图书馆室内大阶梯共享阅览室的空间意象，这个知识的阶梯统领了图书馆的场所空间，完善了建筑体形。通过增加中庭空间，新增地下空间，完善了图书馆的功能。此外，项目还将“立体书库”引入地下空间，通过新技术手段解决建筑面积不足和图书馆存书量之间的矛盾，仅使用有限的 600 平方米即解决了 100 万册图书的存放问题。

暂不外借

改造方案对原有图书馆的功能进行梳理并重新布局。一层为图书馆内部业务技术用房和 24 小时自习室， 2~4 层为开架阅览空间。地下夹层为特藏室，地下一层为多功能厅，地下 2 层为立体书库和机房。空间改造从多方位完善了图书馆功能。全馆共分为地上 4 层和地下 3 层，馆舍藏书量增加到 100 万册，阅览座位从 600 席增加到 1 500 余席。馆内还设有咖啡厅、古籍书库、借还服务处、综合服务台、教育部外国教材中心、美育文博中心、阶梯教室、多功能报告厅等。

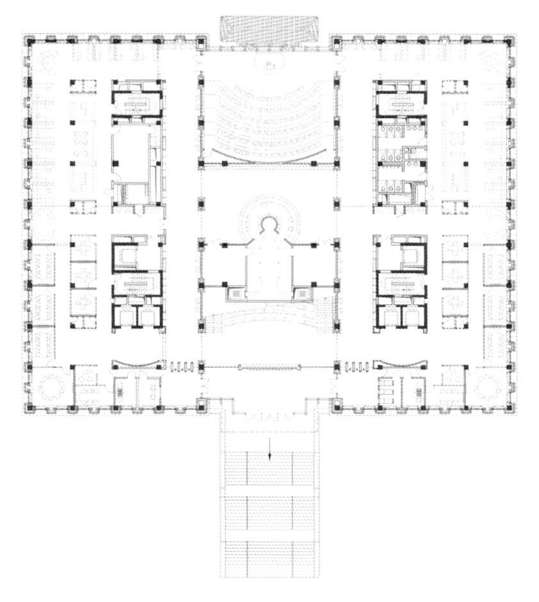

二层平面图

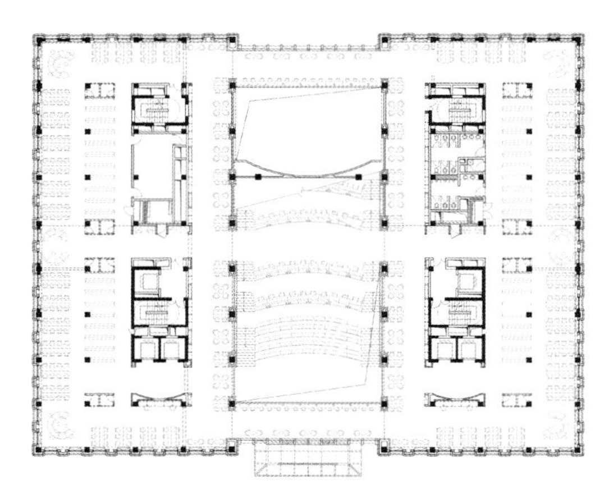

三层平面图

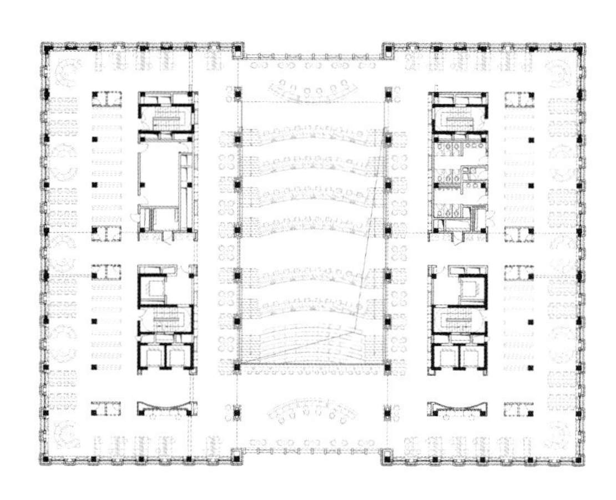

四层平面图

在建筑外立面的改造中，设计团队通过分析校园环境，提炼了北京大学医学部的校园建筑元素和色调，作为校园中心建筑，改造后的图书馆传承了20世纪50年代校园建筑的风貌，提升了建筑外立面的品质。1985年到2022年，历经37年的传承，现在北大医学部图书馆焕发新生，以“书山”重拾知识海洋，为北京大学医学部师生提供了一座现代知识殿堂。

PEKING UNIVER

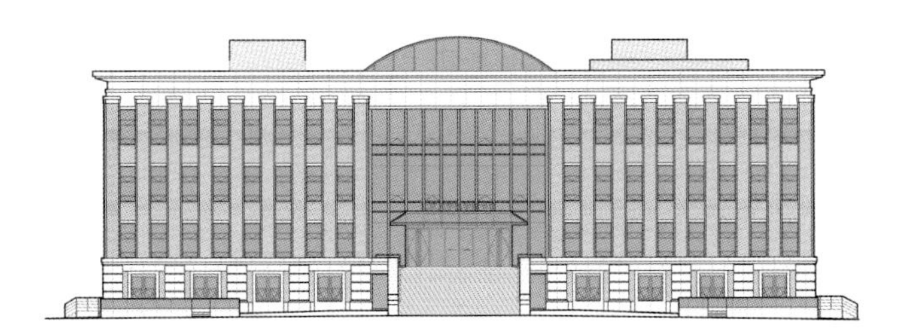

东立面图

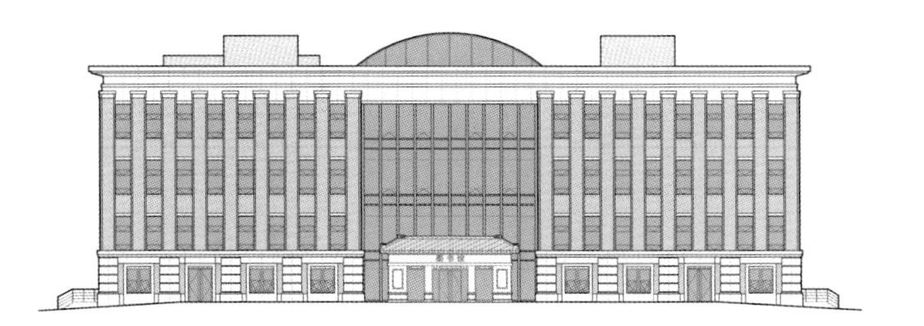

西立面图

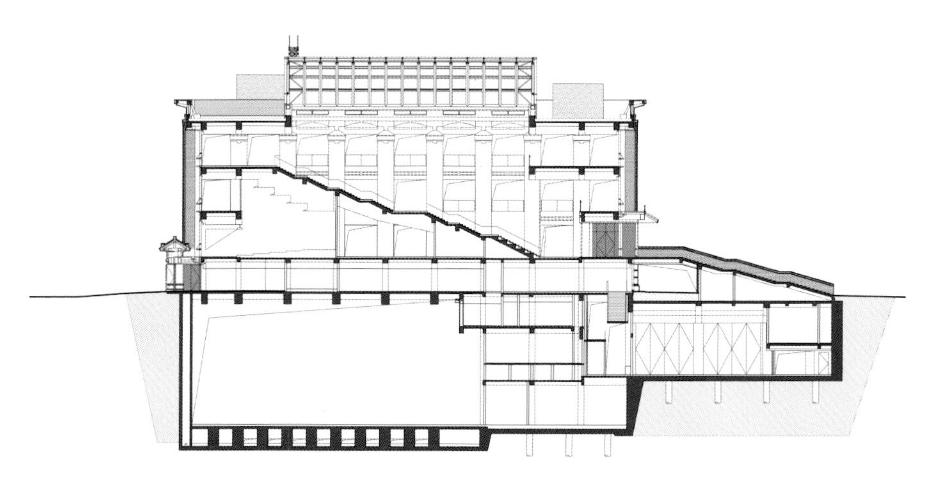

剖面图

11 12
13 14
11
12
14
50
禁止入内
04
04

中国生态环境部新址

2017 年 · 北京市东城区

中国生态环境部新址用地位于北京市东长安街与正义路交口，东长安街 12 号，东临长安俱乐部，西临公安部办公楼，南临原北京市政府办公区。

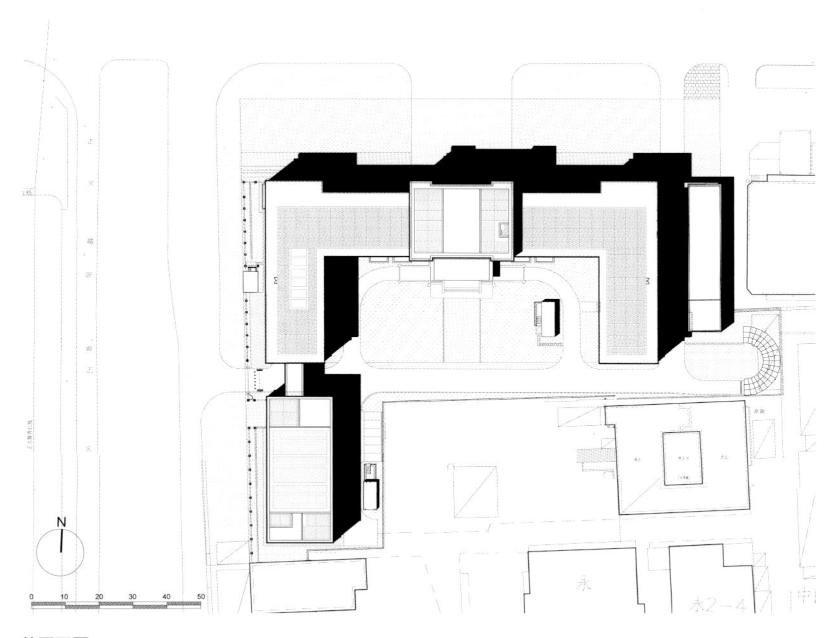

总平面图

建设用地原为国家纺织工业部、纺织工业联合会大楼，用地内有办公楼、礼堂食堂、东小楼、东大门、老干部活动站等。由于项目用地原有办公楼突出长安街规划红线 21 米左右，此次设计依据规划将建筑主体向南腾退，新建建筑的北侧外墙与东侧长安俱乐部的北侧外墙取齐。项目总建筑面积 38 154 平方米，其中地上 20 845 平方米，地下 17 309 平方米。

在总图层面，本项目以规整、简洁的形体组织，对空间失序的现状建筑进行了界面重塑与内部空间活化，进一步激发场地自身优势。项目由 1#、2#、3# 楼 3 栋建筑组成。其中 1# 楼是整个项目的核心建筑，以“U”形的中轴对称形态统领整个场地，北临长安街，展现完整、庄重的形象面，南侧向内围合形成规整的庭院。2# 楼位于 1# 楼西南，通过连廊相连，在充

分利用场地的同时，与 1# 楼共同形成了正义路上的完整形象面。3# 楼为保留建筑，经改造后作为附属用房服务于主体部分。改造后布局主次分明，对外完整庄重，对内规整宜人。

在建筑主体层面，本项目着重塑造了建筑立面形象，在尊重规划条件、传承原建筑风貌的基础上，在材质、比例、细部等层面深入推敲。建筑采用砖、金属、石材组合的外墙体系。立面整体分为 3 段：首层、5 层檐口和 6 层外立面采用浅灰色花岗石，配合以局部线脚装饰，展现出庄重的形象；2 至 5 层部分采用青色小亭泥砖砌筑，营造出沉稳、典雅的整体基调；在窗单元部分采用玻璃与铝板组合的单元式构造做法，铝板部分作为开启扇的同时，也通过局部装饰性语言展现对传统建筑形式的传承。建筑立面整体大气庄重，局部不失细节。

北立面图

在景观设计层面，沿长安街一侧不再设置围墙，建筑之外即为对城市开放的“长安绿带”景观区，拉近了建筑与城市街道空间的距离，展现出长安街建筑的新风貌。

学生宿舍与食堂项目占地 58 670 平方米，总建筑面积 148 439 平方米，其中地上 83 183 平方米，地下 65 256 平方米，主要功能为宿舍、食堂、学生活动、公共服务。

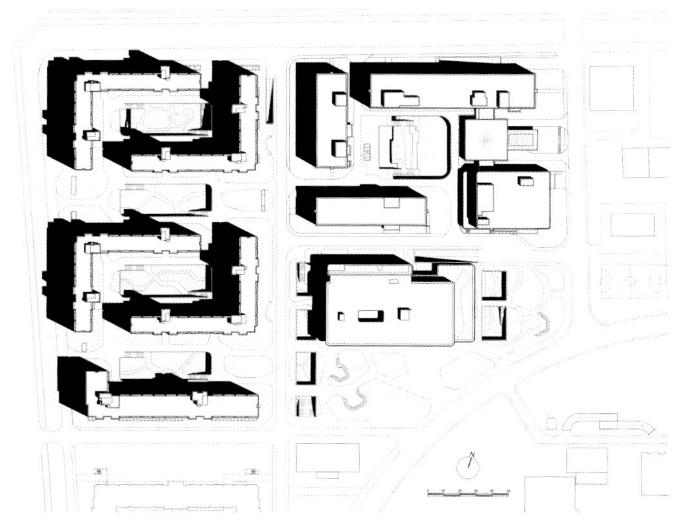

总平面图

师生综合服务大厅
COMPREHENSIVE SERVICE CENTER

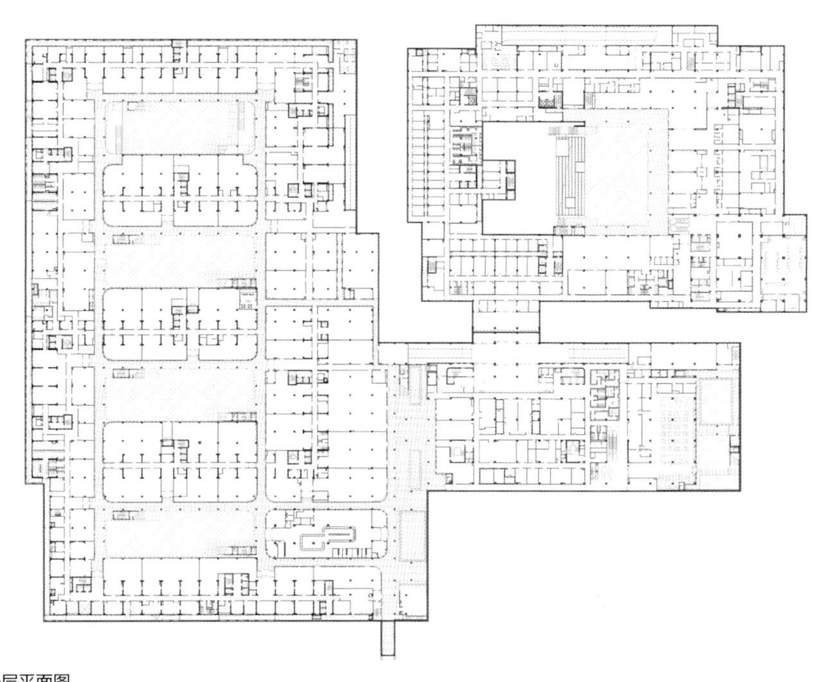

地下一层平面图

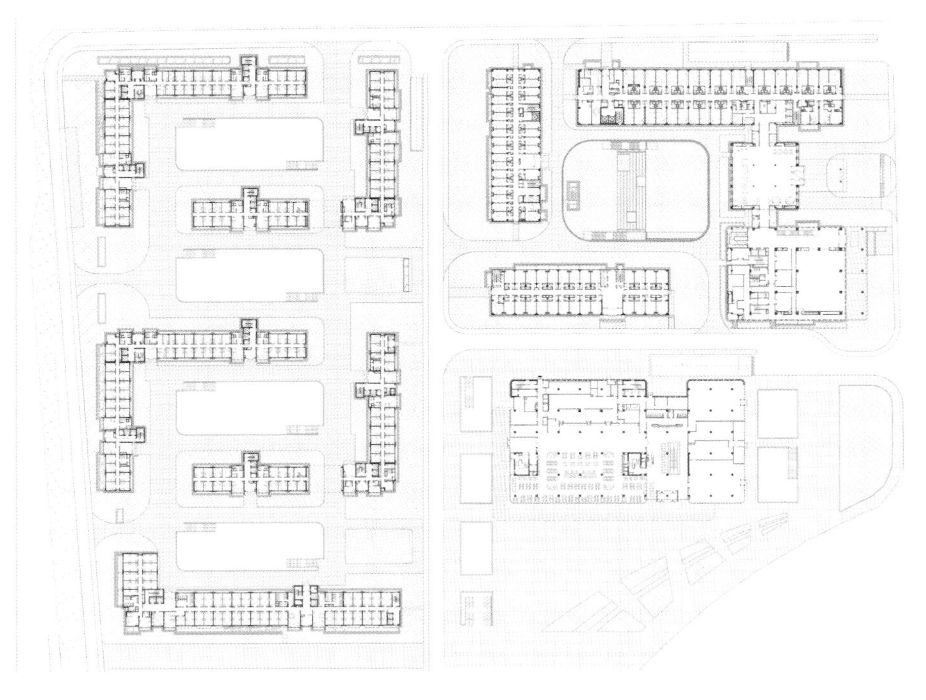

首层平面图

本项目力图营造富有活力的“书院式”学生社区，将居住、餐饮、学习、社交、生活功能场景融为一体，将大学生创新中心、学习研讨、社团活动、公共服务、体育健身、餐饮休闲等活动内容汇聚，使建筑成为学生学习生活和社交活动的空间载体。设计将不同功能空间分散布置于地下，结合下沉庭院，形成宽敞明亮、融合连通、充满活力的多元服务设施体系。

本项目创造了流动交融的多层级社区公共空间。地上宿舍建筑通过两两相扣、底层架空、开口错动等手法形成连续流动的院落空间，食堂接驳于校园主环路，南侧设置入口广场。食堂 3 层出挑形成檐下空间，此处成为校园中心区最有活力的进出场所。本项目将景观设计统一于公共空间中，强调交通的通达性、设计元素的一致性、植物搭配的丰富性和多样互动场地的活力性。宿舍院落 4 个下沉庭院结合植物搭配和景观小品设计形成不同主题，从北向南分别为“揽月园”“春华园”“天问园”“秋实园”，突出庭院的差异性和识别度。

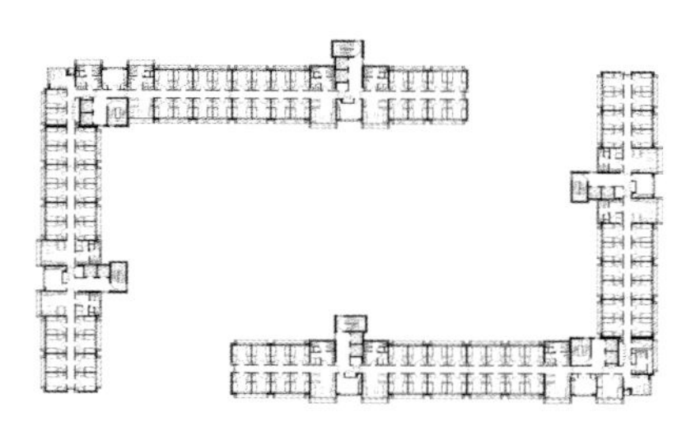

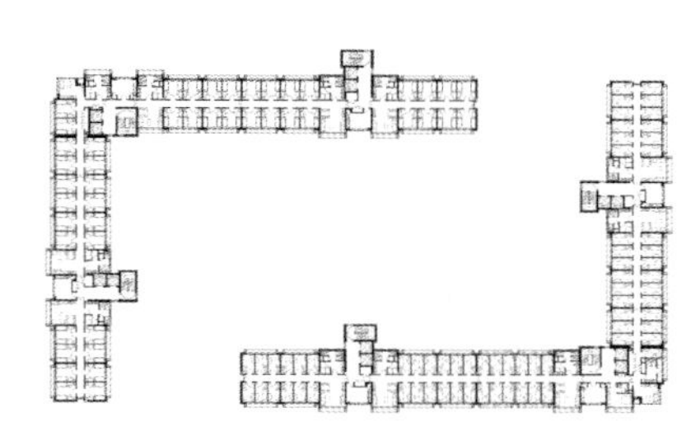

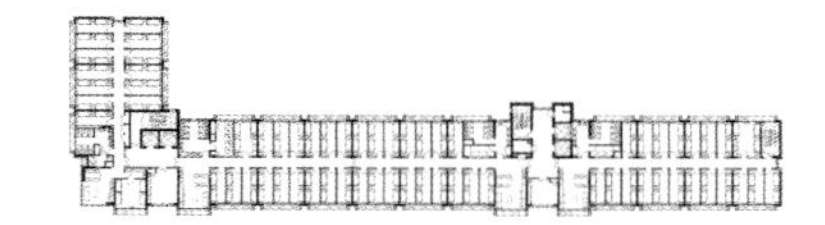

宿舍标准层平面图

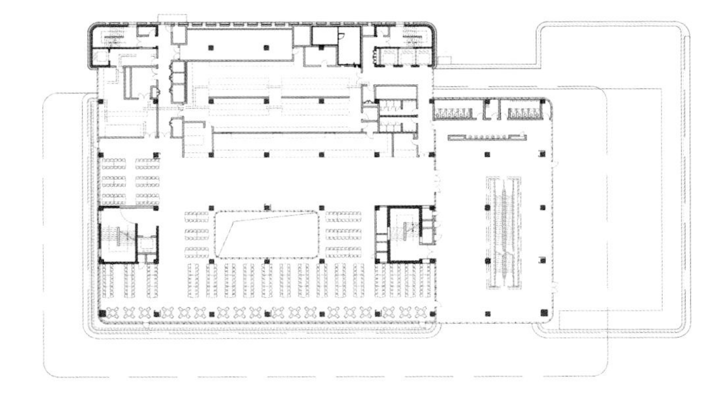

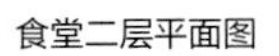

食堂二层平面图

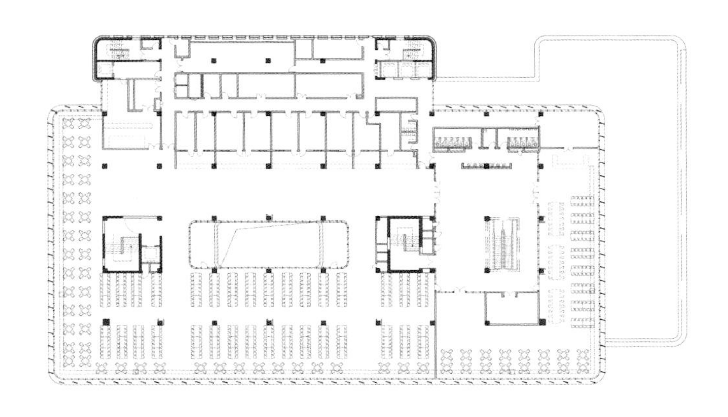

食堂三层平面图

宿舍、食堂组合南立面

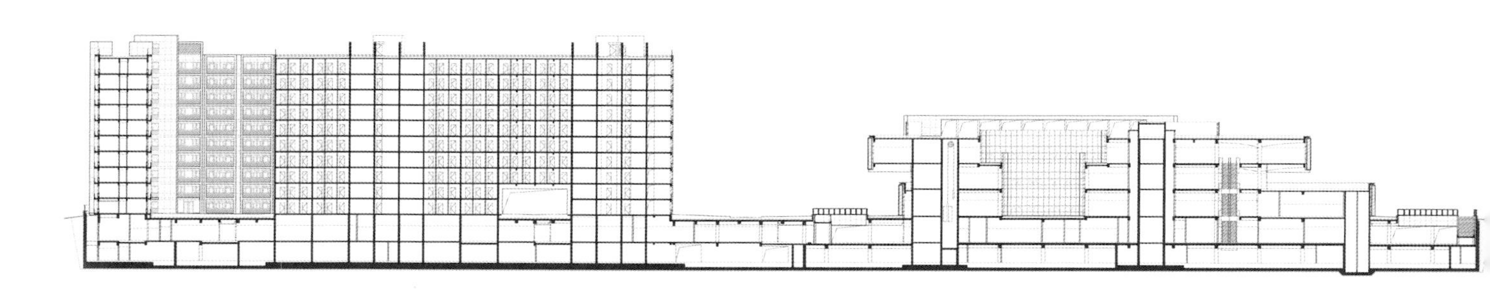

宿舍、食堂组合剖面 1

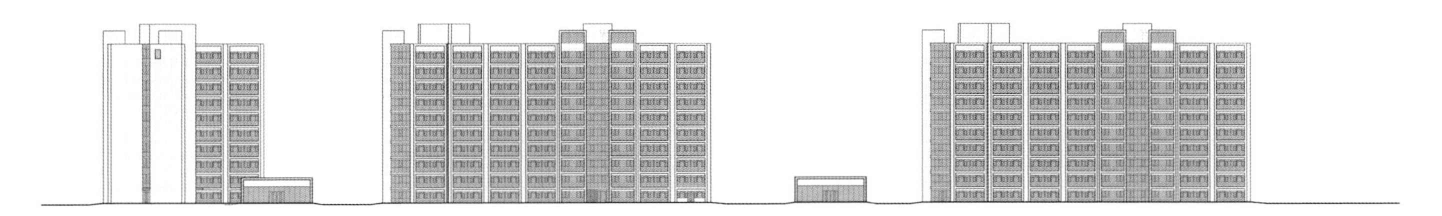

宿舍、食堂组合东立面

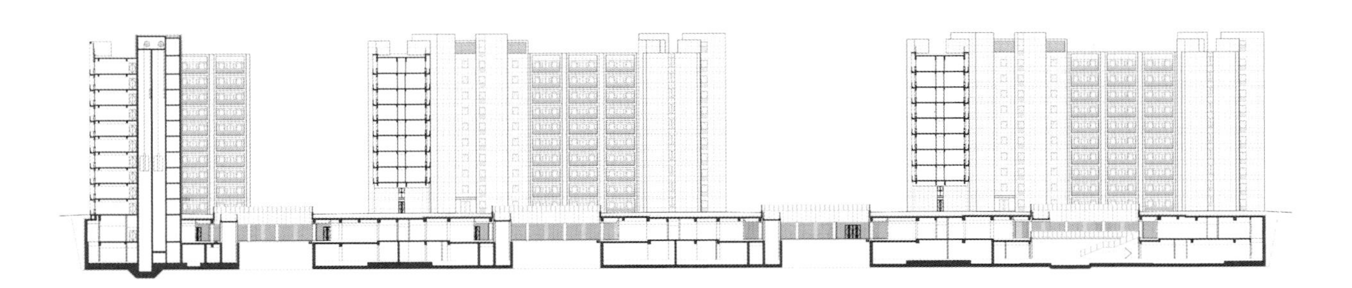

宿舍、食堂组合剖面 2

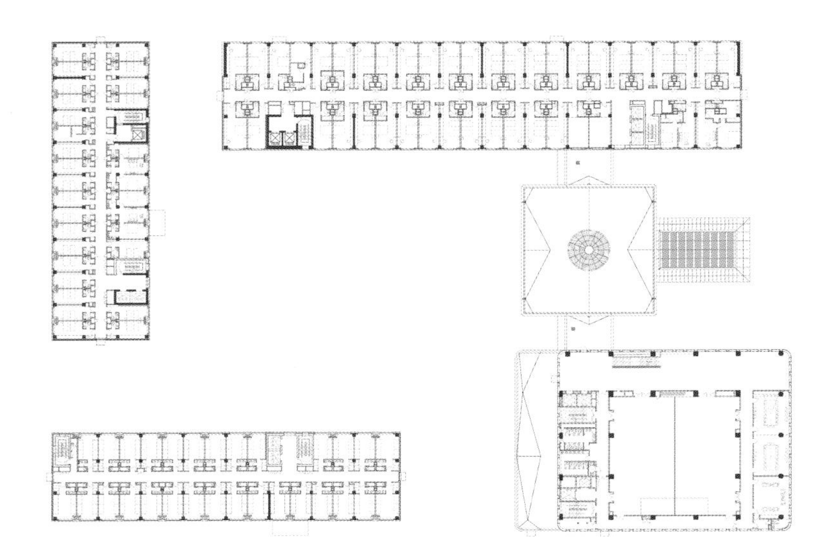

会议中心二层平面

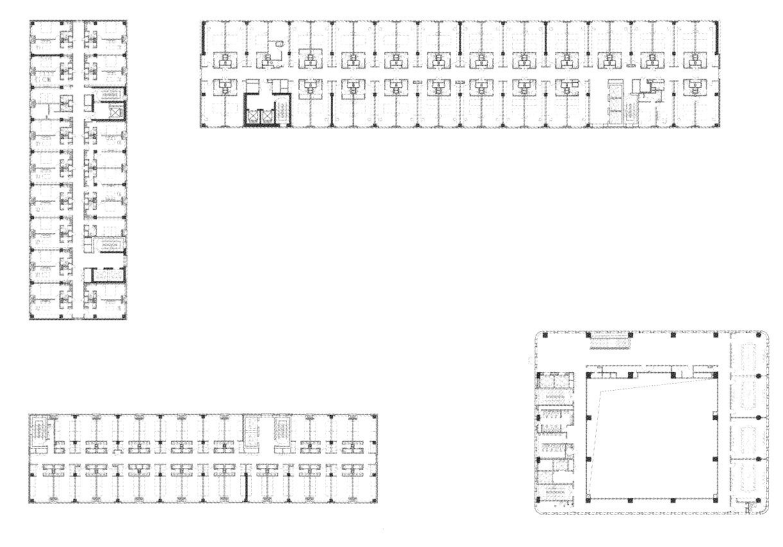

会议中心三层平面

本项目开创了具有韧性的模块化单元式居住空间模式。居住组团共有 5 栋建筑，每栋建筑均划分为 3 个具有独立电梯的居住单元模块，极大提升了宿舍空间的归属感和环境品质。每个居住单元居住模块中嵌入卧室（宿舍）、卫生间、淋浴间、自习室、晾晒区等功能，形成 8 室 1 厅或 10 室 1 厅的户型格局，给居住者带来家一般的体验。

本项目重点发展创新了高校食堂空间模式，在食堂就餐空间引入“商业街”模式，在入口前厅两侧布置多业态的就餐空间；充分考虑食堂就餐空间大进深高能耗的空间弊端，考虑北方气候特点，在就餐空间东、南、西设置落地通透玻璃幕墙，增加自然采光；在食堂 3 层引入中间庭院，增加自然采光面，改善了大进深的采光问题。

留学生宿舍项目建设用地面积 22 676 平方米，总建筑面积 65 076 平方米，其中地上 39 000 平方米，地下 26 076 平方米，主要功能为留学生宿舍、会议中心。

本项目塑造了同周边建筑紧密联系、开放共享的活力组团。在延续“围合式”校园肌理与“书院式”学生社区的基础上，留学生楼及会议中心组团对相似的庭院尺度进行了围合方式的变化，打碎建筑体量，化整为零，在增加与宿舍、食堂联系的同时，又增加了未来功能调整的灵活性。此外考虑到场地东侧紧临校园西北门以及主要入口道路，项目在东侧围合出醒目的“U”形入口，既作为本项目的形象标志，也提升了校园主要道路及校门入口的空间品质。

会议中心南立面图

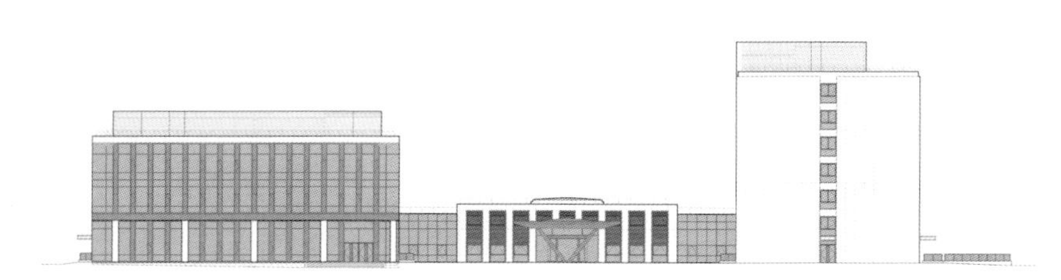

会议中心东立面图

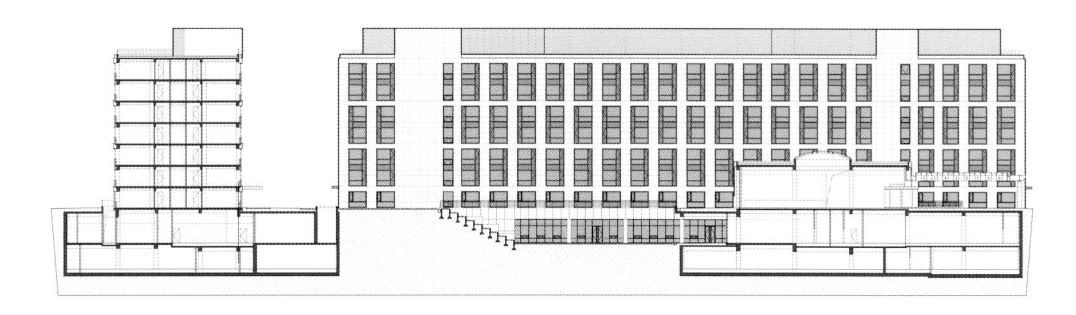

会议中心剖面图

北京城市副中心行政办公区二期

2018 年 · 北京市通州区

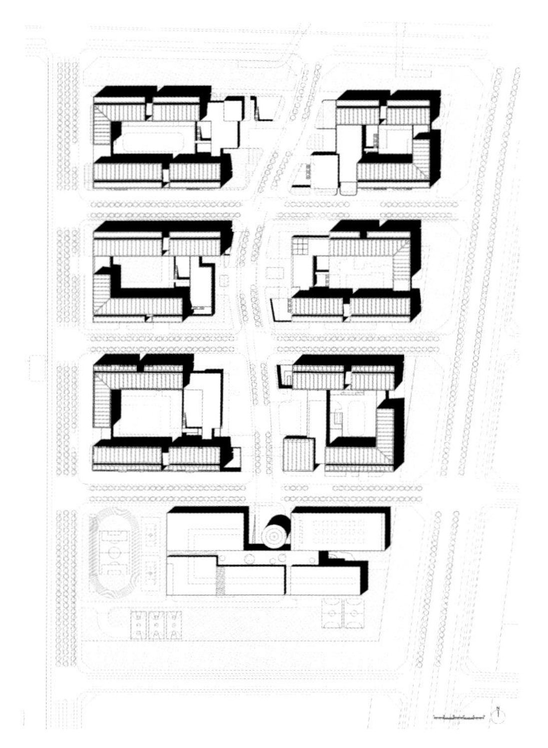

总平面图

本项目位于北京市通州区城市副中心 0901 街区东南侧，为北京市行政办公区二期，东至通济路，西至清风路，南至镜澄街，北至达济街。本项目包括行政办公建筑（01–07 地块）和体育活动中心（08 地块），总建筑面积为 626 655 平方米。

本项目提出了“传承中国传统文化，强调空间同构”的规划设计定位，同时注重多地块组团效应，打造多元融合的活力社区轴。同时，项目强调以市民性为出发点的智能管理模式，在建造中注重绿色生态、人性化的诗意表达。

建筑总平面设计以院落式布局为明显特征，并在穿过地块的留庄路一侧做适当开口以提高开放度。各地块建筑以“U”形三合院作为组成单元，延续核心建筑组群城市肌理，形成空间同构。“U”形院落的开口朝向组团中心道路——留庄路，并设置组团入口空间，使得院落既有围合感又保证视觉开放性。在街景上，沿中心道路两侧建筑退线增大，形成错落有致的开放界面，提升街道空间活力。设计沿留庄路布置办公地块的主要出入口，并设置了多功能公共服务设施。

在建筑功能方面，本项目以打造混合办公社区为目标，沿留庄路设计了“混合活力带”，其中包括多功能公共服务设施、以步行为主的立体交通系统以及舒适宜人的景观系统；通过设置内庭院、下沉广场、屋顶花园、行政服务厅及展厅等多层级的共享空间，打造内容丰富、富含活力的城市混合办公社区。

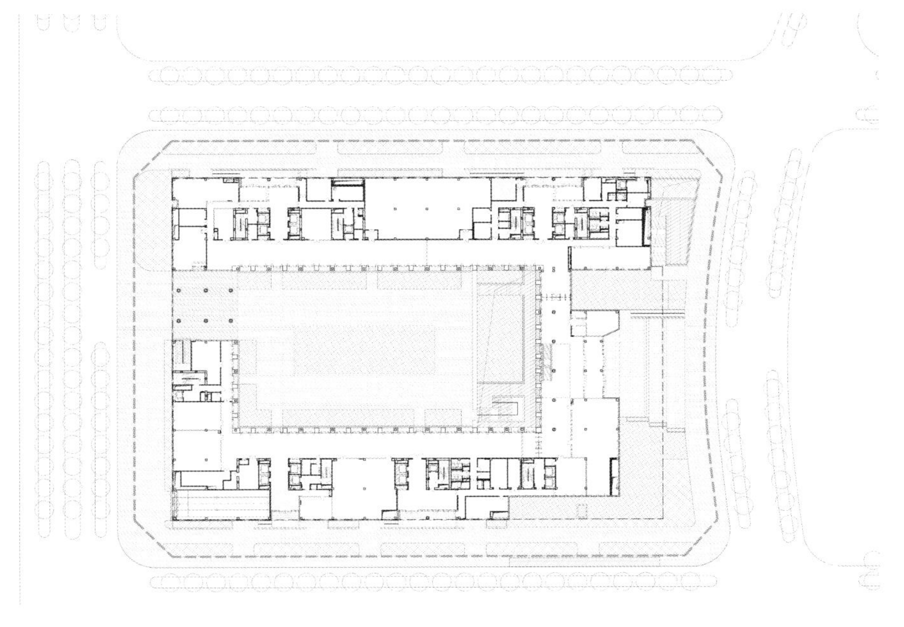

首层平面图

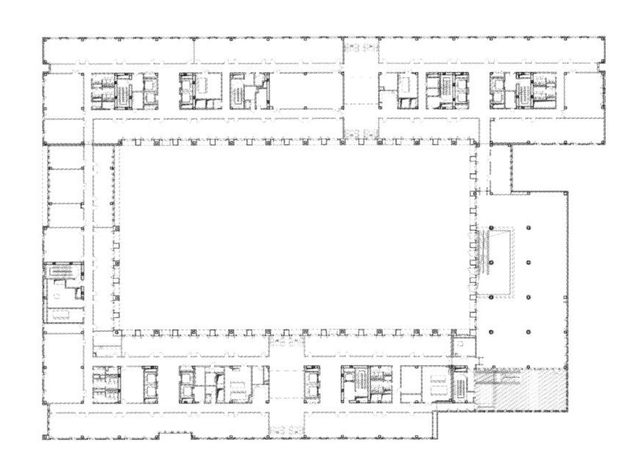

二层平面图

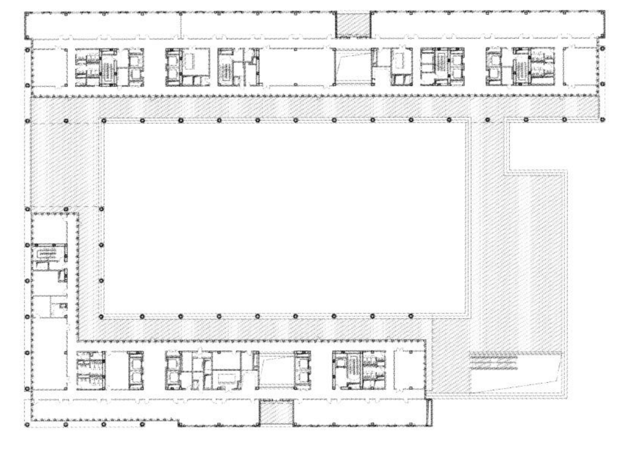

三层平面图

在建筑造型设计上，本项目尊重北京城市副中心整体简约沉稳的风貌，传承传统中式风格与开创现代风格并存。依据第五立面设计导则，设计采用有中式韵味的坡屋顶形式，以向内的单坡屋顶为主，平坡结合，寓意“四水归堂”的空间格局。在色彩和材质上，本项目建筑采用浅灰色系，与一期项目及周边建筑相协调，搭配深灰色窗框和木色饰面。

此外，本项目充分利用地下空间，以地下交通设施、下沉庭院及车库服务于各地块。在留庄路地下设置全长 750 米的步行街，北侧连接 6 号线东夏园地铁站点，南侧连接体育地块地下公共配套设施，并连接至 M102 轨道交通站点，为办公地块提供便捷交通及配套服务设施。

地下步行街与留庄路两侧办公地块通过下沉庭院相连通，并朝向下沉庭院进行采光和通风。

本项目为办公地块充分考虑停车问题，设置 3 层地下室。地下 1 层布置食堂、活动用房、便利店等配套设施和机房等；地下 2、3 层布置车库。为便于使用和管理，停车区设置直通下沉庭院和首层室外的穿梭电梯，同时对地下车库的车辆采用智慧的管理模式。

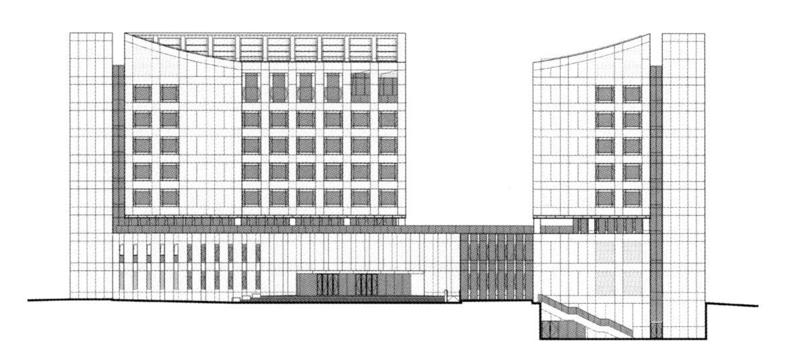

东立面图

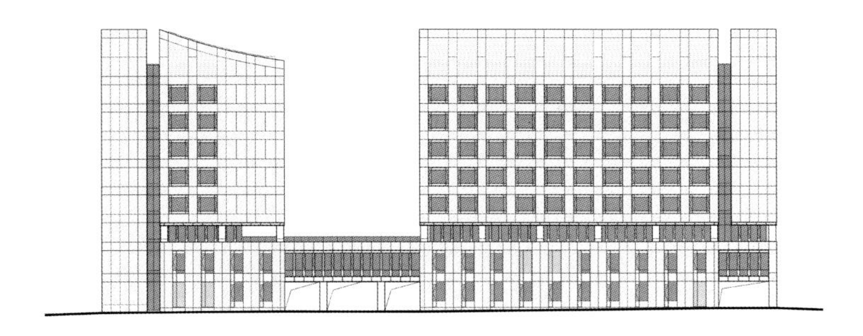

西立面图

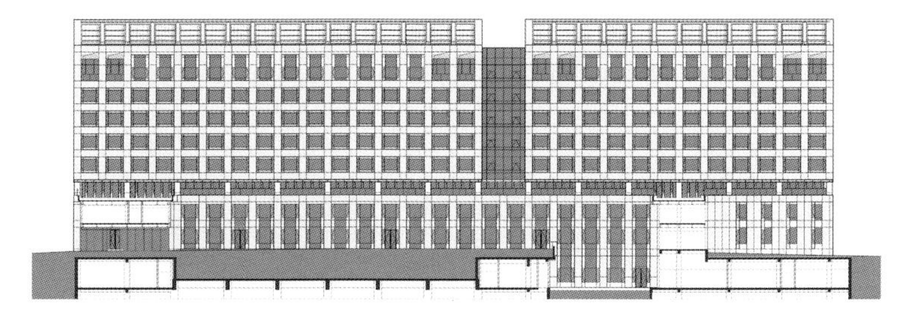

剖面图 1

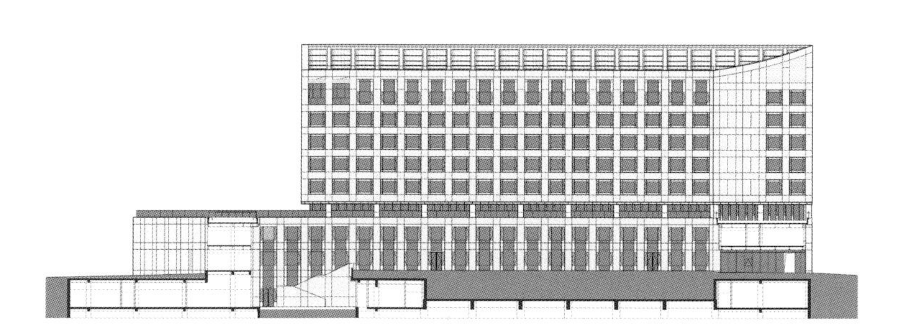

剖面图 2

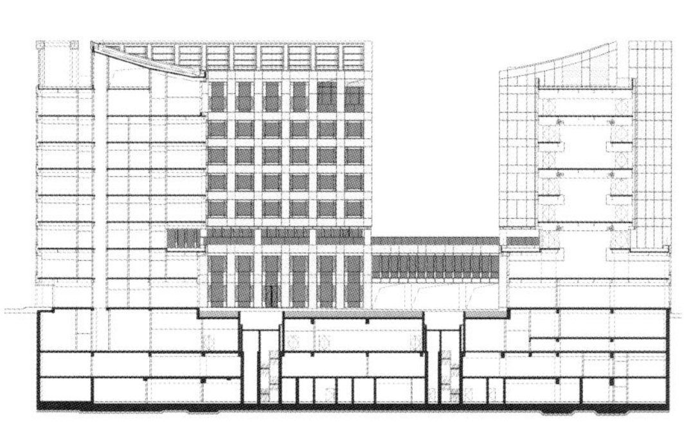

剖面图 3

中国船舶工业综合技术经济研究院院区改造

2018 年 · 北京市海淀区

中国船舶工业综合技术经济研究院用地位于海淀区学院南路 70 号院区，占地面积 18 198 平方米。现状办公区域包括科研楼、教学楼、礼堂、职工餐厅、东小楼、单身宿舍等。现状建筑面临室外空间消极、使用面积紧张、无法满足功能需求等问题。

依据功能需求，本项目在不改变院区整体规划指标的情况下，对院区面积统筹规划，提升环境品质，主要针对办公区地上建筑进行改建及改造，调整办公区建筑使用功能和建筑结构，更好地满足综合院科研办公需要。改造涉及教学楼、礼堂、职工餐厅、东小楼、单身宿舍等 5 幢建筑物，改造建筑面积合计 6 230 平方米。

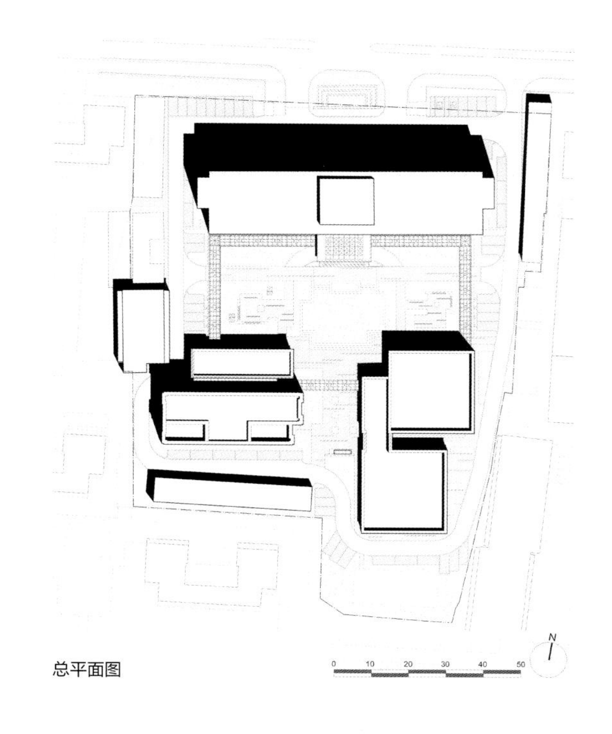

总平面图

首先，设计团队确定了功能需求与翻改建策略，将原礼堂、职工餐厅拆除，改建为餐饮会议综合楼；将原教学楼改造为智库楼，以满足科研功能需求；对东小楼、单身宿舍做立面与室内改造，提升建筑品质；新建机械式停车库，以满足停车需求。改造工程尽量利用原有建筑的土建条件，减少不必要的工程量。

其次，设计团队在总图设计层面优化院区建筑布局与交通系统，使翻改建后的综合楼与智库楼北墙齐平，使得综合楼、智库楼与科研楼之间围合出完整院落，形成了统领院区外部空间的中心绿地，符合科研院所的气质。此外，这一布局调整也优化了交通系统，改造后院区周边形成了外围车行流线，内部以中心绿地为核心形成内部人行活动区，实现了人车分流。新增的机械停车库以及沿外围车行流线布置的停车位共计达到 170 个，基本满足停车需求。

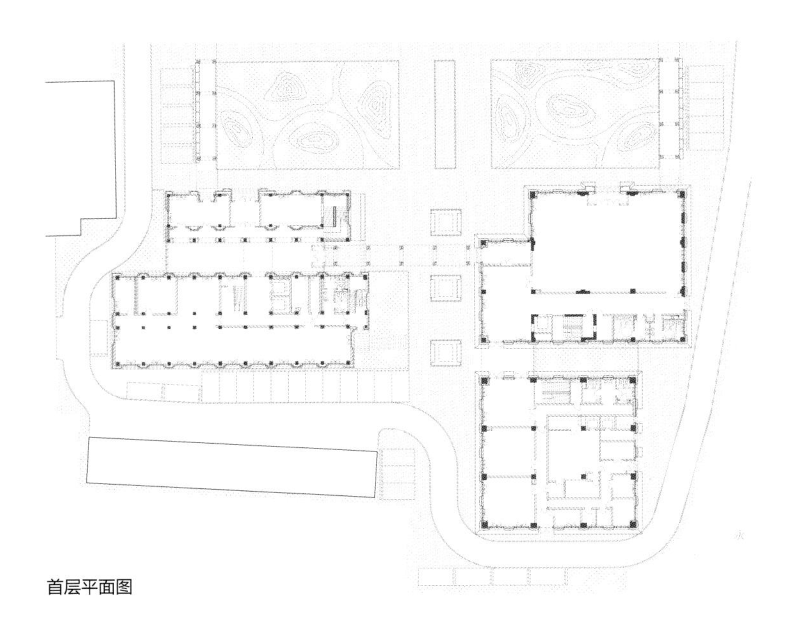

首层平面图

智库楼东立面

智库楼北立面

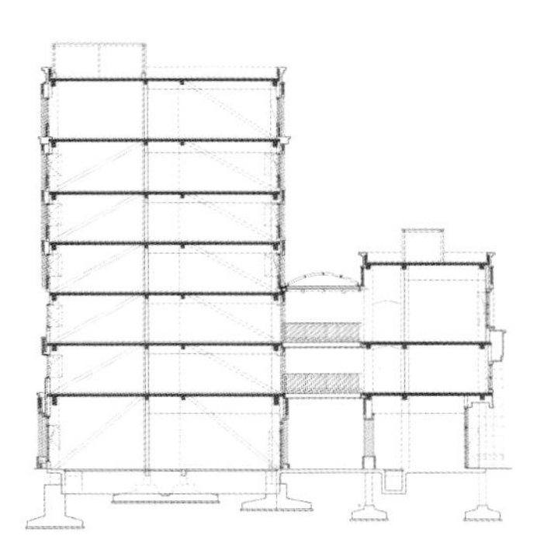

剖面图

在建筑改造层面，外立面以青灰色砖墙为主调，辅以浅色石材窗套及檐口，使建筑呈现出精致、低调的学院风格，与院区环境及科研办公楼形象相协调。设计重新梳理整合内部房间布局，并改善使用者办公环境，利用新的外墙保温系统以及机电系统改善室内热工性能、采光通风条件以及舒适性。

在景观设计层面，本项目以绿色、人文、智慧为基本原则，力求形成智慧系统，创造简洁、幽雅的科研院区环境。改造后的景观以中心绿地为核心，其中布置漫步道、微地形绿地、游廊等，形成了精致、人性化的绿地景观环境。其中，砖砌游廊围合了中心绿地，并连接了综合楼、智库楼与科研楼，成为院区改造的点睛之笔。

综合楼西立面图

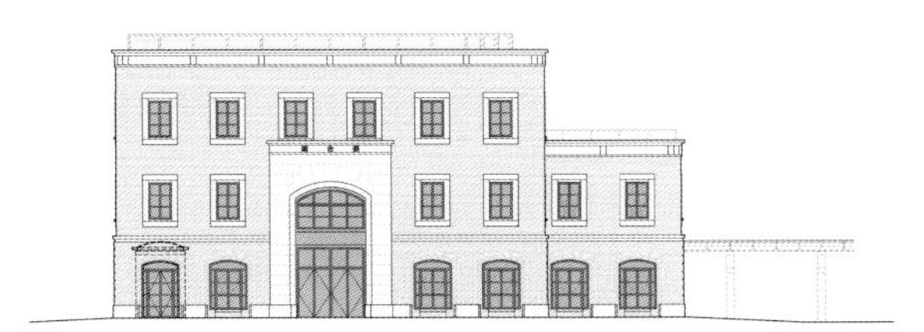

综合楼北立面图

铁科院文化宫

2020 年 · 北京市海淀区

铁科院文化宫位于北京市海淀区西直门外大柳树路 2 号铁科院本部办公区东南角，东侧毗邻铁科院家属区，南临京张铁路遗址。

本项目总用地面积 12 893 平方米，总建筑面积 30 156 平方米，其中地上 2 627 平方米，地下 27 529 平方米。项目是集多功能厅、体育馆、餐饮、停车及室外体育场地等功能于一体的综合设施。

设计以激发场所活力、延伸核心空间、沟通铁路遗迹为主要出发点，采用开放共享、以人为本的设计理念，营造富有活力的院区活动中心。

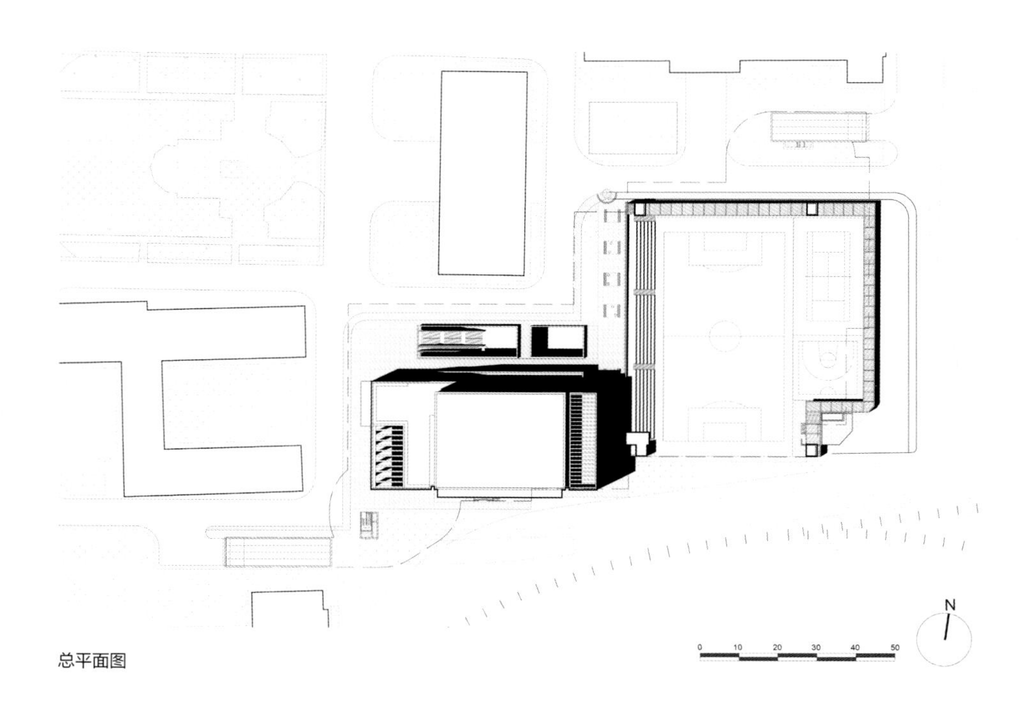

总平面图

在总图布局层面，本项目延续了院区现有的规划结构，以空间同构的方式织补院区空间，打造和谐的空间关系。首先，设计充分尊重院区现有的以中央景观带及中心实验楼为中心的东西向核心轴线，延续轴线尽端界面的完整性，项目地上部分以低调又不失特点的形象补齐了中心景观廊。其次，项目东侧室外活动场地向家属区打开，原本消极的院区边界地带被转化为活力共享空间，契合新时代的人群需求。

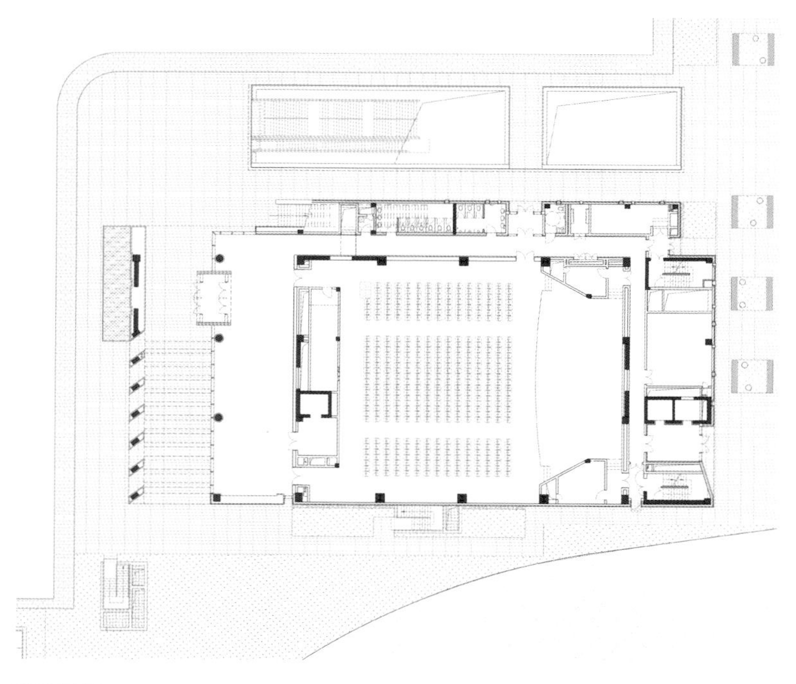

首层平面图

在空间设计层面，本项目以开放共享的理念，塑造了多条体验丰富的景观路径，既将院区景观与现有建筑充分融合，又为项目营造了亲切宜人的界面空间。其一，本项目在北侧界面引入一条通向 2 层室外观景平台的漫步阶梯，既可优化交通流线，又为整个院区提供了一个登高俯瞰的视角。其二，项目在建筑西侧结合主入口设置了半虚半实的光影门廊，连通了院区中心庭院以及南侧京张铁路遗址，展现了建筑互联互通、开放共享的姿态。其三，项目在东侧活动场地引入景观廊架、室外展墙、多功能室外小剧场等活动空间，弱化了体育场与外边界的硬性界面，也为人们创造了更加多元、更加日常化的活动场所，进一步拓展了开放共享的理念。

在功能布置层面，本项目立足以人为本的设计态度，充分尊重使用者的功能需求。项目在充分调研了院区职工与家属区住户的功能需求的基础上，尽可能将有限的使用空间集约化、效率最大化，力求塑造出更多使用便利的室内外公共活动空间。项目在地下一层设置了 4 个职

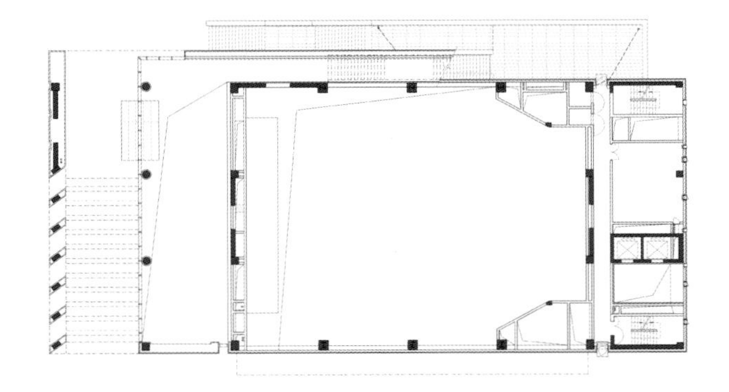

1.5 层平面图

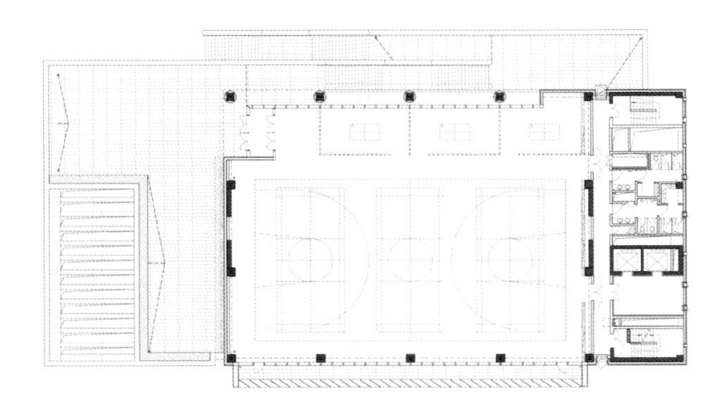

二层平面图

工餐厅，可供1 300 人同时用餐，并结合下沉庭院解决了采光、通风、交通问题；在首层设置多功能厅，结合入口门厅作为建筑主入口；在地上 2 层设置职工体育馆，结合漫步阶梯以及屋顶平台形成了开放、活跃的体育功能区。在合理布置功能的基础之上，本项目结合智慧数字技术加强空间管理，创造智慧、便利、多元、高效的空间使用模式。

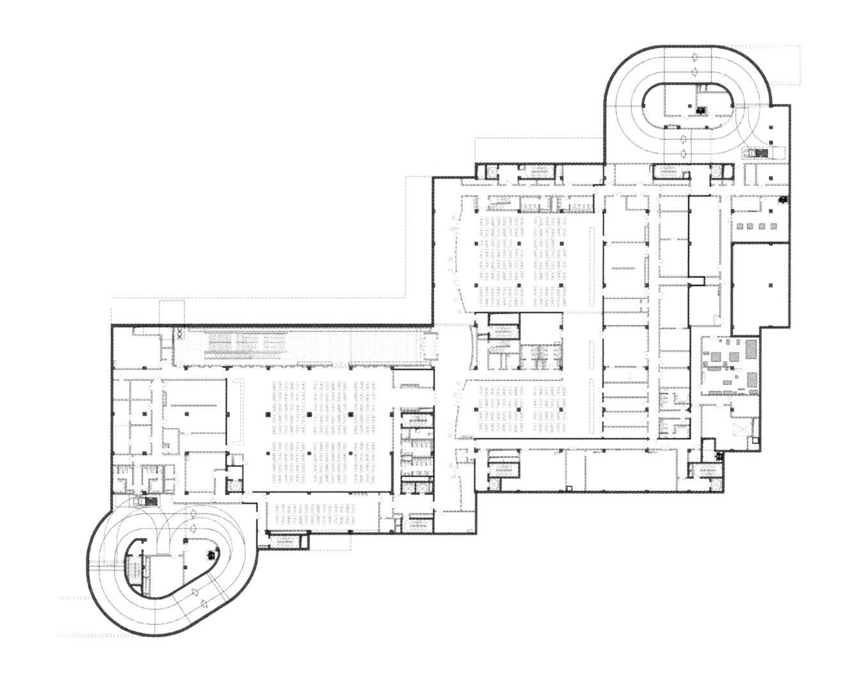

地下一层平面图

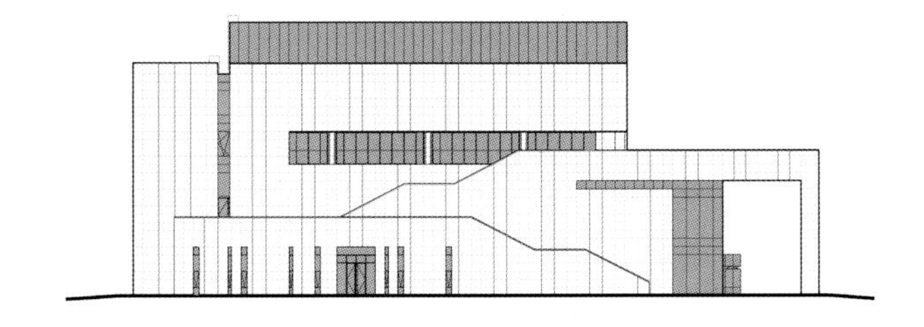

北立面图

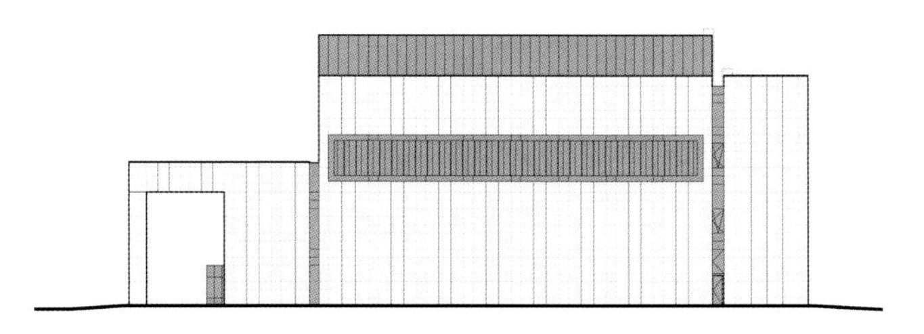

南立面图

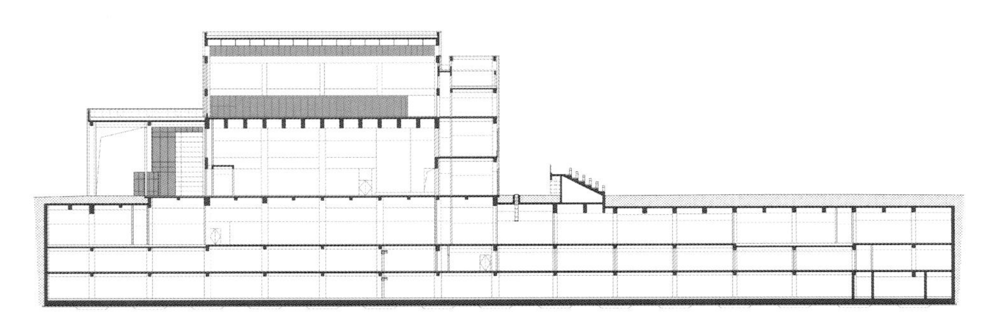

剖面图

206 项目

2020 年 · 北京市朝阳区

本项目地处北京中轴线与北四环的西北角，位于亚奥生活区核心地带，与奥林匹克公园仅一路之隔，距离水立方 180 米，距离鸟巢 500 米，是千顷奥林匹克公园中心区地标性建筑综合体。

本次项目设计范围为综合体中 A 栋办公楼的外立面改造。该建筑高 191.65 米，39 层。原建筑顶部造型独特，并在 25~28 层东、西、南 3 个方向设有大型显示屏。

作为对超高层地标建筑的改造，设计任务书要求首先须遵从北京市总体规划的定位，从城市设计的角度使其与周边建筑风貌和谐；同时，建筑形象还应符合奥运片区的整体定位与整体氛围；此外，在建筑风貌上，应塑造现代、端庄、大气的国际一流水准的城市地标形象。

本项目的设计理念为“城市之印”。如果把奥运片区比作北京城市的一幅山水画卷，206 项目则是这幅巨型画卷落款处的代表城市文化的篆刻印章，使其不与奥运主场馆争光辉，但同时又是这幅画作不可或缺的部分，是画龙点睛之笔。同时，精美的篆刻和印章文化传承匠人精神，与当前的时代气息相契合。

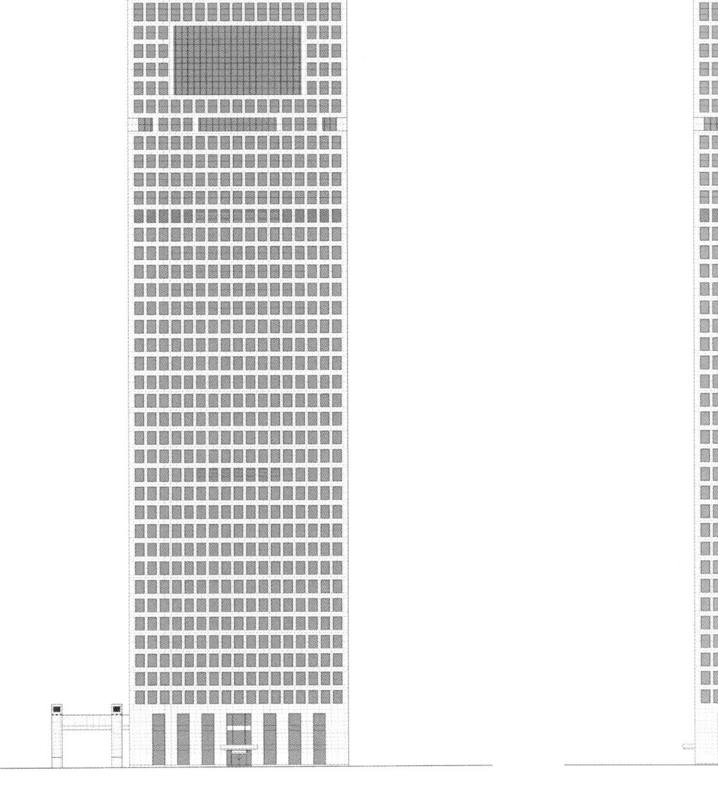

东立面图

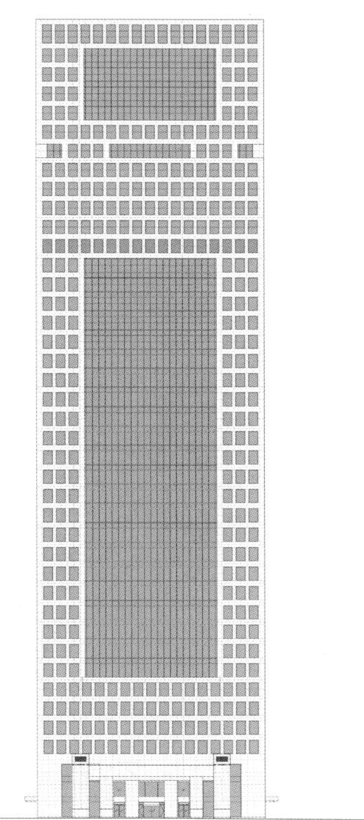

南立面图

在建筑造型上，本设计重点打造端庄稳重的“城市之印”形象。设计去除原有顶部出挑造型，将其恢复为典型的超高层建筑塔式造型，赋予建筑全新的立面形象。建筑顶部造型焕然一新，同时与未改造部分建筑造型协调一致。具体而言，30~34 层屋顶沿用原建筑的立面肌理和色彩，使得建筑与周边既有建筑保持协调；35 层做“海棠角”的建筑造型，划分出建筑的“印首”和“印身”；在建筑 37~38 层中间退 2.6 米，创造室内观景平台，形成完整的“印首”，与中国传统的印章形象相吻合。

在入口改造方面，建筑入口雨棚被调整成规则的几何形体，与主体建筑形式协调统一，并采用印章形柱，与主体建筑的印章造型相呼应。

本设计在结构改造上合理有序。改造遵从原有结构体系，拆除原有屋顶悬挑桁架，整体结构质量和刚度分布更均匀，抗震、抗风性能更好、更合理；采用简洁的建筑造型，使原立面中断的框架柱可贯通到顶，结构受力更合理。

退役军人事务部

2021 年 · 北京市西城区

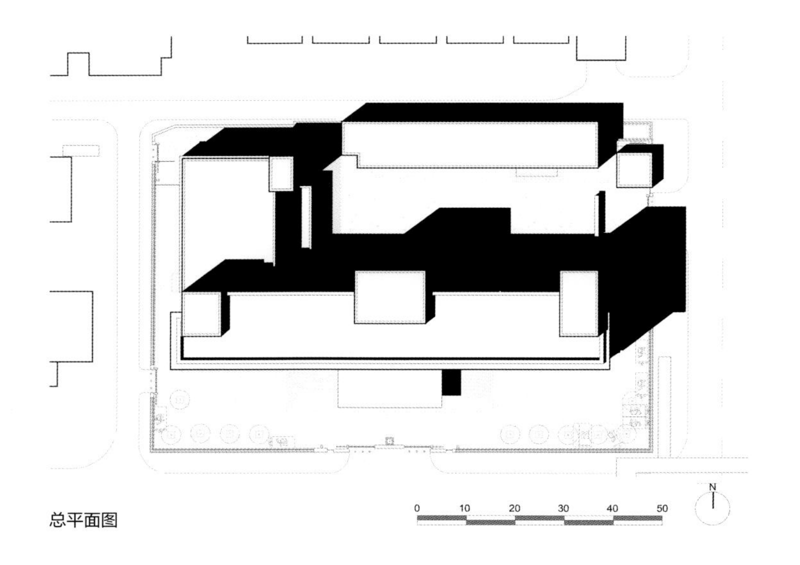

总平面图

退役军人事务部位于北京平安里西大街和西二环道路交会处的东北角，原为生态环境部办公业务用房，西临西二环，南临平安里西大街，西北侧至鱼雁胡同，东侧至西直门南小街。用地东临中国儿童中心，北临国英园住宅小区，西临生态环境部家属楼。

东 E
PINGANLI West St
西直门南小街
XIZHIMEN South Alley
（西直门内大街）
南小街路

西 W
车公庄大街（西三环 花园桥）
CHEGONGZHUANG St
西二环
W.2nd Ring Rd
（阜成门桥）
官园桥
西二环
W.2nd Ring Rd
（西直门桥）

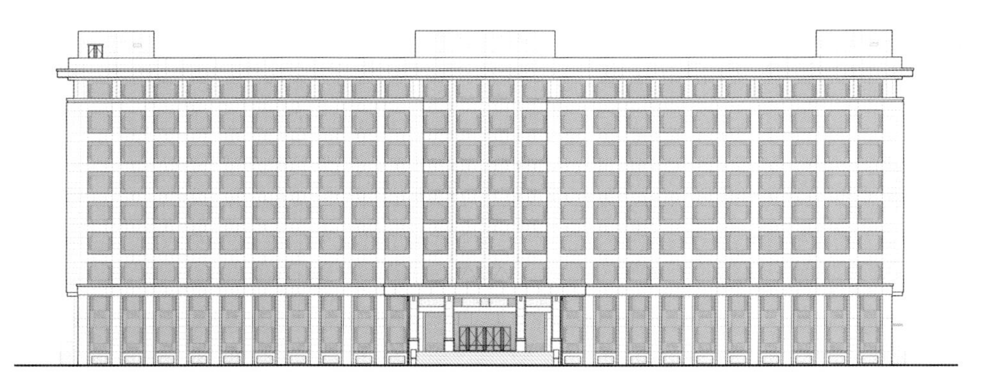

南立面图

院内现有的主要建筑多为 20 世纪 90 年代设计，建成至今已接近 30 年。现状建筑由南楼、西楼（及加建部分）、北楼、食堂附属楼、门卫传达室和单建地下车库等组成。经过多年使用，院内各主要建筑在外立面装修、建筑结构、室内装修、机电设施等方面存在老旧损坏现象且难以利旧使用，面临不符合现行标准规范等问题，现有设施已无法满足部委办公及配套的使用要求。同时，本项目处于首都重要的城市节点，建筑形象也亟待提升。

组建退役军人管理
保障机构，维护军人军
属合法权益，让军人成
为全社会尊崇的职业。
——习近平

为人民服务

在总图布置层面，设计基本保持建筑整体布局，对雨棚、加建物等附属部分进行拆除重建，尽可能减少拆除量。改造后，本项目形成了完整的“C”字形围合结构，主要形象界面完整，内部庭院空间工整。在此基础上，本项目对场地设计进一步完善，将主入口设置于东北侧，紧临门卫室，便于管理；南侧作为主形象出入口，仅在举办重要活动及紧急疏散时开启；西南侧为机动车次要出入口，供内部人员使用；西北侧为后勤出入口。

在立面设计上，本项目在原建筑结构基础上，优化了建筑形体构成关系，简化了立面设计语言，使方案整体呈现出现代、庄重的气质。项目外墙通体采用浅米色干挂石材幕墙，用纯粹的材质有力地表现形体关系，配合铝板开启扇组合成匀致布置的方形窗单元，在简洁的主基调中展现精致丰富的细节。项目在南侧主立面入口重建了门头，并进行了适量雕饰，给整体立面加上点睛之笔。

在景观设计层面，本项目尽量维持现有绿化，运用合理有效的手段创造简洁、活泼、幽静的休闲环境。项目尽量保留现有乔木，并在场地范围内钢制围栏外设置绿篱，使得沿街绿化连成一体；并结合视线分析，通过硬质铺地与草坪的结合、景观布置的疏密结合、乔灌草的复层结合，打造出视觉舒适、层次丰富、颜色多样的景观系统。

评述

求索一条设计之路

金磊

缘起：发掘中国建筑师的创作价值，让业界与社会不仅看到建筑文化的传承与创新，而且能向公众展现不同建筑师在设计理念上对自己的不断超越，这应成为每一位专业媒体人恪守的职责。

随着全球化的高速发展，城市与建筑塑形已是规划者与建筑师的重要职责，然而在世界各地的城市规划和建筑设计中，不乏令人感慨的社会浮躁心态的投射，这里有价值观的混乱与缺失，致使某些设计者被动地做出有噱头和急功近利的东西。本人是职业建筑工程师出身的专业媒体人，结缘北京建院叶依谦总建筑师已有 20 多载，在与叶总共同策划他的《设计实录》一书时，我有针对性地提出了若干发展线索和核心内容。叶总是一位从业 20 多年、作品超百项的建筑师，本书让他不仅主动重新打量自身，也让他对多年的积淀进行思考。恰如叶总在 2022 年第 12 期《中国勘察设计》上所撰文章《北京大学医学部图书馆的改造设计——兼议设计感悟与遗憾》，他谈到对建筑创作的感悟及“有遗憾感”的自谦精神。我以为尽管不少建筑评论家在说，建筑评论不该是建筑师本人的自说自话，但叶总对自己的设计项目的“自省”之说，体现了其特有的社会责任感与设计态度，他以诸多精彩纷呈的设计作品创造出更新更美的天地空间。

我对叶总的项目刮目相看，绝非因我们同是北京建院人。我愿从建筑评论人的视角公开公正地品评他的作品与设计思想。我的团队尽心尽力投入叶总低调的《设计实录》一书的创作，源于他的设计是开拓创新的成果荟萃，更源于这是他用理念建构当代建筑师话语体系与文化自信的标志。我的书写立场之所以主动且自觉，都源自叶总一贯践行的匠心设计，以及他懂传承、愿坚守的心智。如果让我定位叶依谦的《设计实录》一书，它不是随波逐流、人云亦云的作品堆砌，而是充满建筑美学表达的创新之作，是从纪实到呈现设计理念的叙事佳作，是国有大型设计研究机构建筑总师富于朝气、勇于创新的呈现之作。我尤其钦佩叶总的建筑创作观，因为它体现了传承与创新。限于学识，我的评论文字只选择了几个“点”，

因为我认为这几个“点”可以解读叶总的设计之境，也希望引领读者品味叶总的设计执艺之道。

一、从“持棒”北航 20 载说起

建筑师的工匠精神是指建筑师对自己作品的精益求精与精雕细琢，建筑设计与营造都需要建筑师秉持工匠精神。美国社会学家理查德 · 桑内特在《匠人》一书中说：“只要拥有为了把事做好而把事做好的愿望，我们每个人都是匠人。”我们倡导工匠精神，绝不是要回归早已渐行渐远的手工艺时代的生产生活方式，而是各行各业通过不断学习、创新积累而形成一种历史的、求实的、将工作做好的基本精神和保证。所以，工匠精神不再为工匠所独有，其更广泛地用于一切造物的有智慧的劳动者。可以说，国之重器的设计与创造，既表现为城市化、工业化高度发达的产物，也表现为工匠精神的物化。

2022年10月正值北京航空航天大学（以下简称“北航”）成立70周年，我们在叶依谦总的指导下，曾历时近三载完成了《空天报国忆家园——北航校园规划建设纪事（1952—2022年）》一书。这是一本不平凡的书，它在以校园建筑展示 20 世纪 50 年代以北京建院杨锡镠总建筑师为代表的设计团队的贡献时，还记载了 21 世纪初至今叶依谦总建筑师领衔完成的诸多建筑作品对时代作出的新贡献。本书展示的核心内容是城市化发展背景下的建筑师的工匠精神。从现代层面讲，

工匠精神在建筑创作与工程设计方面凸显了 3 点特征，即建筑师在创作中的整体把握力、建筑师对建筑与城市关联性的关注、建筑师对建筑设计职业的信心与自豪感。应该说，是否具有工匠精神是衡量建筑师团队乃至设计机构创作观正确与否的准绳。在过去几年中，结合北航校庆系列相关图书的编研，我们多次与北航校方领导及同学交流，其间我深深地感受到，正是叶总团队 20 年如一日创作的卓越作品及其体现出的工匠精神，奠定了北京建院与北航这个甲方的密切关系。正是北京建院拥有可持续的面向历史与未来的传承创新观，才使建筑师的工匠精神落到实处，赢得了甲方的高度认可。北航设计注重品质，不仅使身处校园间的师生产生愉悦的视觉美感，也体现出设计师基于设计立场的跨文化交流能力。北航设计不仅充分考虑师生的体验与感悟，而且体现出服务学科交融、营造校园环境、促进教学相长的力量；北航设计让人们感受到，城市不只是人们的居所，更是人与自然、人与环境和谐共生的家园。校园是学术家园，既要促进教育与社会的互依互存，更要成为学生在求学之旅中的共有家园。所以，有时代认知与使命意识的叶总团队，以师生为本，创造了创新不止、设计无疆的一系列北航新项目，从而形成一系列设计新模式。能够 20 载如一日服务于北航甲方，对北京建院和叶总团队来说实属不易。

回顾、梳理北航校园建设的 3 个重要项目，我们从历史存档与留住记忆出发，共编辑出版了 3 本书。这些看上去很平实的册子，其反映的设计理念，或许可以影响 21 世纪中国高校的校园建设。这些创作理念已转化为北航设计经验。

《北航新主楼设计》于 2009 年 1 月推出（BIAD 传媒主编，天津大学出版社出版），它以北航新主楼高完成度的设计实践，重塑北航的大学精神。虽然《北航新主楼设计》是在新主楼投入使用两年后才出版的，但它是对叶依谦总的创作理念的完美呈现，也体现了北航校方的管理智慧。《北航新主楼设计》不仅是对设计过程的总结，而且彰显了建筑师对多学科、开放式、研究型大学环境空间的探索。更可贵的是建筑师叶依谦在设计过程中体现的“适宜”的空间营造与设计风格，恰到好处地给新主楼平添了一派书卷气。

《“新北”生活——北航社区设计成长记》于 2021 年 7 月推出（北京建院叶依谦工作室与《中国建筑文化遗产》《建筑评论》编辑部合编，天津大学出版社出版）。北航新北社区的最大特点是营造了非同一般的宿舍区。北航北区宿舍根植校园空间环境，建筑师对其进行了有机更新，以精细化设计打造学生的生活空间，以适宜技术构建下沉庭院空间模式，以建筑师之力创造高校食堂新模式。我清晰地记得，2020 年 10 月 30 日“高校社区升级更新暨图书编研座谈会”召开，在会上，校园建设方、运维管理方及学生代表纷纷讲述了“新北”的运行体验及生活感言。叶依谦团队为“新北”建设奉献了妙思与巧技，以创新的设计为北航“新北”生活营造出人文体验环境。

2021 年 8 月，叶总团队设计的北航沙河宿舍食堂项目竣工。如同“新北”社区一样，这个项目再次受到教育部的好评，它在高校校园建设与环境育人上的示范作用得到肯定。据此，《中国建筑文化遗产》《建筑评论》编辑部又开始了《“书院”生活——北航沙河社区设计建造记》的编研工作。在编研过程中，我们体会到叶依谦团队在该项目上的几个设计贡献：在中国高校人文校园建设中，设计了书院社区；巧妙地用 5 栋教学楼围合成“春华、秋实、天问、揽月”4 个绿庭；全面执行“适用、经济、绿色、美观”的建筑设计方针；沙河社区设计更注重服务“有温度的教育”。因此，沙河校区为师生及走进校园的公众展示了有人文气质的“活”起来的建筑文化。

我为北航建校 70 年时再编一本“北航校园建设纪事”类图书的想法最早萌发于 2017 年，时值北航校庆 65 周年。记得当时我随叶总来北航参观，见到一系列新老项目，很是感慨。2017 年 10 月，我主编的《建筑师的大学》出版，书中有叶总撰写的《我的系馆，我的老师》

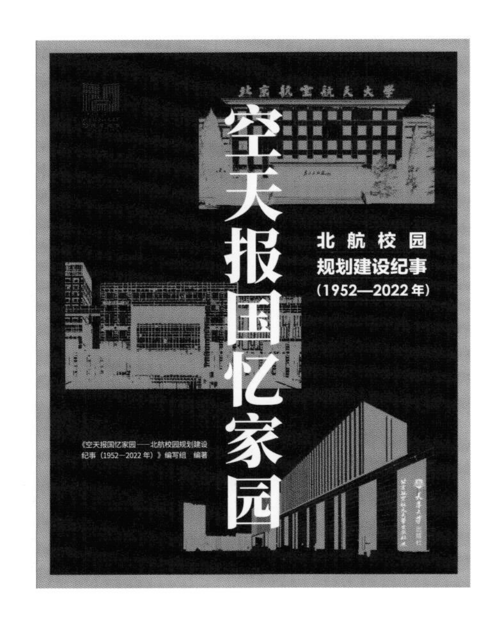

一文。文章看似都是他在回忆并分析自己求学于天津大学时的经历与认知，但我读来体会更多的是其对大学校园规划设计的深度思考。文章体现了他多年来对建筑形式、空间秩序及美的无尽探索。我在编后记中写了《品读我们的大学故事》，其中写出了我的思考：建筑师如何用建筑智慧服务城市设计？建筑师如何理解文化传承？可以说，所有历久弥新的设计创作成果的取得都离不开建筑师在大学校园时所受的熏陶。2017 年之所以令人联想，因为距其 65 年前的 1952 年新中国首次高考拉开序幕，距其 40 年前的 1977 年中国宣布恢复高考，在这样的年份展开建筑师的个人成长故事，特别是与校园有关的故事就有了特别的意义。此后，我们先后为“北航校园建设纪事”提出了多个策划方案，表达了中国文物学会 20 世纪建筑遗产委员会为北航校园的总体建设开展传承与发展研究的热情和畅想。这里有对北航校园建设 70 载历史长河中的贡献者的敬畏，有对北航校园规划设计建设史的珍惜，更有对叶总持之以恒奉献精品的感动。

二、感知传承中创新的设计观

由中华全国归国华侨联合会主办、中国建筑学会指导，中国建筑学会建筑师分会、亚洲建筑师协会、香港建筑师协会、台湾建筑师公会支持，《建筑创作》杂志社承办的“第二届全球华人青年建筑师奖”于 2009 年 9 月 30 日进行了终评，10 月 29 日上午举行了颁奖典礼。叶依谦凭借“北航新主楼”项目成为全国 9 名获奖者之一。该奖的评选宗旨是创建一个世界性的、服务华人青年建筑师的专业奖项，在中国建筑文化与世界文化互动中，将中国建筑师的崛起清晰地展现出来。评奖主题涉及人居环境、绿色建筑、城市更新与创新设计等。无疑，叶总的“北航新主楼”项目既是服务北京城市更新的主题设计，又是创新设计的示范。在叶总主持的原创作品中，创新项目迭出，如《设计实录》中收录的近 30 个重点项目，具有创新价值的设计占 70% 左右。

2001 年建成的国际投资大厦是叶总在 21 世纪早期的设计项目。该大厦西临西二环，作为金融街办公区的一部分，其建成后庄严大气的结构给人留下了深刻印象。该大厦的设计面临多种挑战，既要考虑白塔寺历史保护区内的城市设计与环境的协调，又要恰到好处地对幕墙构造进行深度打磨，使竖向遮阳百叶、花岗岩石材与玻璃等在变化中不失细节，耐人寻味。

2005 年建成的烟台世贸中心是集大型展览、国际会议、办公接待等功能于一体的文化建筑综合体。该项目以曲线屋面的设计造型为亮点，在结构技术上依托张弦梁结构实现现代设计造型，在大空间防火性能设计等方面有一系列技术创新。该项目以开放的姿态与自然景观形成对话，表现出滨海城市的特质。

2010 年成立的国家能源集团新能源技术研究院有限公司对办公建筑提出了复杂多样的功能与类型要求，要求设计者有整体化的建筑布局观。经过反复研究，叶总团队最终创作出由 7 栋研发楼、1 栋培训楼相互连接的，配有中试实验室、生产车间、会议中心和配套服务用房的统一的室内外系列空间。园区采用全方位生态节能技术，在建筑的全生命周期内最大限度地节约资源、减少污染。建筑整体达到了国内绿色建筑三星级标准。可以说，叶总团队用出色的设计作品凸显了甲方在新能源领域独有的技术优势。

2013 年成立的中海油能源技术开发研究院同样对办公建筑设计提出了严苛的要求。叶总团队以“海上钻井平台”为核心概念的方案，抽象出柱、桥、平台等元素，以较为独特的建筑造型实现了科研、实验、办公一体化的综合功能。该项目以美国 LEED-NC 金级和国家绿色建筑星级为建设目标，不仅外观设计别致庄重、富有活力，还体现出设计团队对绿色建筑品质的追求。该项目最终成为可供业内学习和借鉴的研发办公建筑空间模式。

对于 2018 年启动的北京城市副中心行政办公区二期建设项目，叶总团队在传承中国传统文化的理念下，在设计中使行政办公组团、体育活动组团等完美融合，体现了以服务市民为出发点的智能管理特点，力求诗意表达人性化设计，让传统中式风格与创新现代风格并存，营造了富含活力的共享空间，使副中心充满北京“味道”。

这些创新项目的完成，基于叶总秉持“适用、经济、绿色、美观”的建筑设计方针与多维度思考。他认为设计工作是建立在以系统化多维度的思维方式作综合性分析与判断基础之上的，这是建筑师走向成熟的职业定位与方向。他尤其认同要坚守有传承的新。如果说“言为心声”，那么叶总跟随北京建院张镈大师、何玉如大师、柴裴义大师所做的项目设计，乃至在马国馨院士设计思想的影响下对建筑奥旨的理解，是他不断形成有特点的设计原则的根基。为此，我想到开一代风气之先的 20 世纪现代主义大师格罗皮乌斯的话：“现代建筑不是老树上的分枝，而是从根上长出来的新株……真正的传统是不断前进的产物……传统应推动人们不断前进。”同样，将“处处留心皆学问”这句谚语挂在嘴边的杨廷宝大师具有深厚的传统建筑修养，尊重传统非但没有影响他的设计作品的现代性，反而使他的作品有长久的生命力，如他在 20 世纪 50 年代与北京建院合作设计的北京百货大楼就将传统文化渗入其中，在现代化的墙身和平屋顶上设计了恰当的中国传统细部装饰。该建筑经北京市政府批准已被列入《北京优秀近现代建筑保护名录（第一批）》。

叶依谦虽不张扬、为人谦和，但他在设计创新上绝不含糊。2015 年 11 月 27 日，应叶总之邀，我在北京建院学术报告厅主持了叶总主办的由北京建院、中国航空规划设计研究总院、中国建筑设计院、清华大学建筑设计研究院的精英建筑师参加的“研发建筑创新设计论坛”。有感于邹德侬教授、布正伟总建筑师等人的发言，我也谈了对时任北京市建筑设计研究院有限公司 3A2 设计所所长的叶依谦及其团队的认识与看法。

“叶依谦是懂历史、会创新的建筑师。从他的身上我们可以感受到，重温历史能让人明达。因为历史至少有两大作用：一是通过回望历史，在事件中发现文化现象；二是在梳理并静观历史进程中感悟生命的价值。”“创新设计，文化乃每个民族的‘故乡’……谈建筑师的创作观，不可回避文化，文化传承不仅需致敬传统，更需创新未来。”

通过研读并梳理叶依谦总的作品与理念，我想从 4 个方面概括他坚持的创新思想，读起来也许并不准确和充分，但至少可以解读出他及其团队一直以来的创新之源是有坚韧之根的。

其一，“研发建筑”的构建需要一种开放的态度和能力，使他敢于搭建“个性定制”的创新平台。
其二，“研发建筑”的创新设计需要立足资源整合与协同创新，使他注重设计效率与项目品质的提升。
其三，“研发建筑”的创新设计需要拒绝浮躁，使他善用人性化模式追求有境界的“匠心”；
其四，“研发建筑”的创新设计本质是注重文化内涵的挖掘及理性思维的形成，使他的创作自然赢得持续增长的市场与客户群。

这里不能不说在他主持下完成的北航学院路校区 3 号教学楼改造设计项目。始建于 1954 年的 3 号楼（原为发动机系楼）曾于 2007 年 12 月被当时的北京市规划委员会、北京市文物局编入《北京优秀近现代建筑保护名录（第一批）》，于 2018 年被中国文物学会、中国建筑学会推荐为“第三批中国 20 世纪建筑遗产项目”。该楼由当时北京建院“八大总”之一的杨锡镠先生主持设计，与其同时期设计建造的还有 1、2、4 号教学楼及北航老主楼，它们共同构建了北京市在 20 世纪 50 年代“八大学院”空间环境下的建筑基底，不仅是北航建校历史的见证，更是以北京“八大学院”为代表的新中国高校建筑的“名片”。在北航 3 号教学楼改造项目的专家论证会上，叶总特别强调对 20 世纪建筑遗产的设计改造目标是使其“延年益寿”，而非“返老还童”，这是对既有建筑、城市更新设计应坚持的主要原则。现在回看 2021 年改造竣工的北航 3 号教学楼，我认为叶总的设计做到了对 20 世纪建筑遗产的珍视和对真实性的保护，他的每一个设计之举都充分考虑了建筑的现状与过去的图纸，都在致敬先贤的敬畏理念下，讲史实、讲事实、讲背景，用生动的设计与新技术实践证明：虽然新中国成立初期北京高校的建筑有结构安全、消防安全等方面的常见问题，但不应以一拆了之的简单方法就断送了北航等高校学人的校园历史记忆。

在与叶总就北航 3 号教学楼改造的交流中，他一直倡言愿以此探索新中国高校既有建筑在城市更新中“活”起来的模式。他以从局部到整体保护性改造的经验实现了在建筑的保护传承中服务校园建设与教学发展之需。北航 3 号教学楼早已融入校史，具有独特且厚重的历史底蕴和文化特色。在保证安全和维护历史风貌前提下完成的建筑修复，使 3 号教学楼成为北航人的“活教材”。其是北航校园中的新中国建筑遗产与时代印痕，那些珍贵的一砖一瓦，已注入北航人“空天报国”的精神。他还说，任何创新的设计都离不开有传承的根脉。为此，在改造设计中，叶总及其团队提出并践行了如下设计理念。其一，采用整体更新原则，提升安全性与使用品质，做到与建筑保护密切结合的结构加固、现代消防系统性能设计的整体提升、公共空间功能品质的整体提升（含电梯与空调的增设）、无障碍设施的增设等。其二，采取在有机更新理念指导下保持历史风貌记忆的原则，外墙改造保持建筑的传统韵味，结合新材料与新技术，综合考虑断桥型材尺寸、外窗通风排烟需求等因素，既使外窗有历史感，也使其合乎现代使用要求；再如，建筑东西两翼的 4 个大阶梯教室承载了太多北航学子的成长记忆，以设计指导施工，保留或翻新复原以前的钢木结构桌椅，采用与水泥地面最接近的浅灰色的纳米砖材料铺地，从而在整体上保留了 3 号楼的历史风貌。其三，采用整体修缮改造原则，使“最小干预”理念落到实处。如为避免破坏建筑风貌，没有采用通常的加固和附加外保温层改造的做法，而是采用了有机微更新理念下的“内保温＋墙体内侧结构加固”的形式，承袭了 3 号楼外立面 20 世纪 50 年代的设计风格，保留了窗间墙与窗下墙、斗拱与椽子等细部的精妙设计，这是 3 号楼建筑风貌得以保存的最适宜策略。

三、艺术修养反哺设计与创作

优秀的建筑作品与珍贵的绘画作品从来都是技与艺的交响。作品传世，是所有中外有志向建筑师的伟大抱负，因为，人生有限，却也可经典不朽。

两院院士吴良镛教授的《广义建筑学》“十论”不仅有建筑的“文化论”，还有“艺术论”，他描述的建筑师兼具“哲学、科学与文化艺术的修养”。20 世纪伟大的建筑师格罗皮乌斯认为：绘画融入了人类最丰富的想象，人们可以从绘画中找到发展新建筑的动力。勒 · 柯布西耶是建筑大师，但他的作品也涉及绘画、雕塑等。建筑师在绘画中的神来之笔可形成特有的建筑空间感，建筑师设计创意的思维过程离不开手中画笔对作品的表达。叶依谦总建筑师正是这种以画笔为创作“工具”的建筑师，他以充满人文气质的绘画思维，使所构建之图稳健且充满细腻和精美感。

在我主编的“中国建筑师文化系列”4 本书中，《建筑师的大学》（2017 年）、《建筑师的家园》（2022 年）都邀请叶总撰文，他的行文或多或少都能让读者感受到他对建筑与绘画的热爱。在《建筑师的大学》一书中，他写有《我的系馆，我的老师》，对于系馆，他说：“天大建筑系馆风格中正、厚重、内敛，建筑与校园环境关系恰当、和谐。建筑空间围绕一个开敞式水院中庭展开，比例、尺度准确且精细，是彭先生著作《空间组合论》的标准范例。”他在分析系馆的几次改造时，强调这些改造虽受年代与经济条件限制，但却是“粗粮细作”的典范，并一一展示了彭一刚院士的原方案效果图及实施方案各阶段的系列效果表现图。在文章中，叶总回忆在天津大学跟随邹德侬教授读研的经历，正是邹教授近乎苛刻的要求，使他在研究生学习期间系统地学习了专业理论，为日后的工作构建了扎实的知识框架。可贵的是，叶总还通过介绍邹教授与艺术大家吴冠中的交往，展示了邹先生对绘画的深入理解及对弟子潜移默化的影响。邹先生的培养使叶总这样的天津大学建筑学子不仅有正确的审美取向，更有深厚的手绘功力。

如果说《建筑师的大学》一书展现了叶总在大学期间积淀下的绘画感悟与技艺，那么《建筑师的家园》一书就更多地体现了一名职业建筑师的创作情怀。他的笔下虽未谈及绘画本身，但从他对天大建筑系图书馆、天津大学图书馆、北京建院图书馆、北京的建筑书店、中国图书进出口总公司的讲述，我们可以感受到作为知识宝库的图书馆对他成长的作用。

在 2022 年 10 月 22 日北京三联书店举办的“理想之城与家园设计——《建筑师的家园》新书分享会”上，叶总的发言让我感触更多。其一，他讲到无论是对母校天大的回望，还是对北航设计 20 载的坚守，只有熟悉校园，才能读懂校园，也才能在心中、在笔下绘就最美的校园建筑景观。无论是对旧建筑的改造，还是完全崭新的设计，大学校园都给建筑师提供了润物无声的设计力量。其二，他还结合一位未曾谋面的北京大学医学部（以下简称“北医”）教师对刚落成的北医图书馆的赞赏发出感慨，我理解其大意是，疫情面前，人们越来越细腻且敏感，人们寄希望高明的医术拯救病人的躯体与灵魂。2022 年 10 月，叶总的北医图书馆改造工程竣工了，我猜测他之所以钟情这座图书馆建筑，除了他是一位爱读书、有修养的文人建筑师外，更在于他喜欢图书馆的文化力量，愿以匠作之技使图书馆获得时代新生。为学子提供优雅的阅读空间，会让职业建筑师从看似平凡的劳动中感悟到不凡，在远离商战的喧嚣和浮躁中归于虚心和平和，也从时下的不确定性中找到可笃定的未来人文空间。

在建筑创作之路上始终创新不止的叶依谦总建筑师，这些年在绘画方面也体现出自己的特色，展现其坚守的艺术之“道”，其成就也令业界瞩目，这也许是基于他正在夯实的中国建筑与城市文化根基的缘故吧。他愿与传统文化相拥，在日常创作中不断探寻文化遗产的当代表达方式，以新技术赋能，创造向史而新、兼容并蓄的时尚城市空间。2018 年 11 月 22 日，北京建院成立 70 周年前夕，由马国馨院士任总策展人的“《都·城——我们与这座城市》——北京建院首都建筑作品展”专题展览在中国国家博物馆隆重开幕。叶依谦担纲展陈设计，其思路开阔的展陈设计至少呈现两个“亮点”。一是会聚北京建院作品的思想精华，生动表现建筑与城市的关联及对城市的助推，这些建筑与新中国同行、与时代共生，绽放设计光彩，是以建筑培根铸魂最好的呈现。二是增强展览的可及性。与新中国同龄的北京建院人才济济、经典作品颇多，但如何使展示内容与展览效果完美融合，叶总及其团队创新有方，不少展览环节的设计给人以场景化的文旅体验。在细节设计方面，他们不仅注意设置易阅读的说明牌、讲故事的大屏幕，还通过虚实结合的空间营造及多元的媒介方式实现良好的展示效果。总之，叶总团队“非专业”的文博展示设计体现了一介建筑师的文化意境，成为有别于专业文博设计展陈的亮点。

2020 年元月，《中国建筑文化遗产》《建筑评论》编辑部将展览文本及场景全部提取出来，正式出版了有国际装帧水准的图书《都 · 城——我们与这座城市》。书中我感慨地写下了《新中国北京建设 70 年的记忆》一文，对比了中国参加威尼斯国际建筑双年展的情况，为在国家博物馆举办的"《都 · 城——我们与这座城市》——北京建院首都建筑作品展"专题展览归纳出两点感想，实则是解读马国馨院士总策展与叶依谦展陈设计的成功之处：其一，这场展览堪称新中国北京城市建设史展览；其二，这场展览表现出新中国 20 世纪北京建筑的时代"表情"。2023 年北京建院将建设自己的院史馆，院史馆也由叶总操刀完成展览设计。我所在的编辑部受邀担纲展览内容统筹及撰文任务。自 2022 年以来，我们全力投入对北京建院 74 年历史的编写中。我坚信，叶总团队的展陈设计会更用情、更用心，而我们与叶总的合作不仅是创造性转化，更是创新性发展，同频共振会结出累累硕果。我们共同的目标是传承北京建院薪火，再谱北京建院华章。

重读叶依谦总在《建筑师的大学》《建筑师的家园》两本书中所撰写的文章，再回首他在北京建院近 30 载的设计历程，我至少可以清晰地感受到，作为中国优秀中青年建筑师，他是那种未曾学艺、未曾出名就先学做人的人，恰是这种文化基因，成就了他的作品与学品。最伟大的喜剧演员卓别林先生说过："除了机器，我们更需要人性；除了智慧，我们更需要善良。"希望我对叶依谦总建筑师的作品与理念的品评与书写不仅仅是我作为同事、朋友的心境表达，也能成为一个建筑评论者及建筑遗产保护学人的客观表达。因为，这里有我对叶依谦作品的理解，有对他社会责任乃至审美的评价，更有真诚的未来祝愿。我相信，平实的《设计实录》一书体现了有分量的设计创作和文化积累，必将是奉献给行业与社会的出色之作。我更坚信，每一位真诚的建筑师与媒体人都会在营造人民的幸福家园的土地上耕耘不止。

中国建筑学会建筑评论学术委员会副理事长
中国文物学会 20 世纪建筑遗产委员会副会长、秘书长
2023 年元月

附录

叶依谦设计项目总览

建国饭店改扩建

1996 年　北京市朝阳区
酒店建筑　5 万平方米

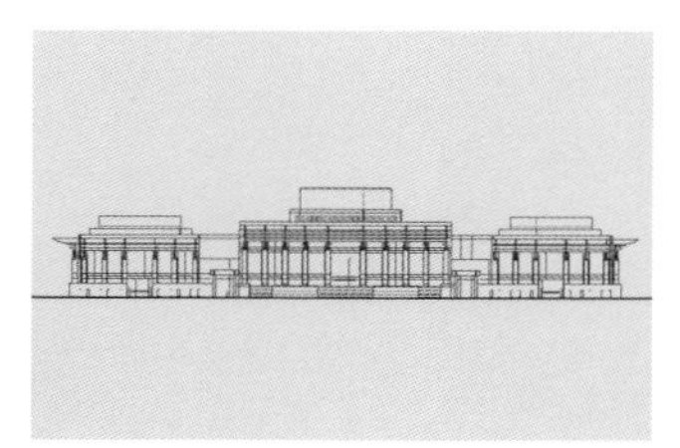

国家大剧院

1997 年　北京市西城区
观演建筑　12 万平方米

哈尔滨太阳湾室内海滨公园

1998 年　哈尔滨市
娱乐建筑　6.8 万平方米

孟中友好会议中心

1998 年　孟加拉国达卡市
会展建筑　2 万平方米

北京市第十一届优秀工程设计项目一等奖
2003 年度建设部部级城乡建设优秀勘察设计一等奖

厦门建设大厦

1999 年　福建省厦门市
办公建筑　3 万平方米

深圳罗湖体育馆

2000 年　广东省深圳市
体育建筑　2 万平方米

怡海中学

2000 年　北京市丰台区
教育建筑　3.3 万平方米

北京市第十一届优秀工程设计项目一等奖
2003 年度建设部部级城乡建设优秀勘察设计三等奖

工商银行北京数据中心

2000 年　北京市海淀区
科研建筑　5.4 万平方米

国际投资大厦

2001 年　北京市西城区
办公建筑　16 万平方米

北京市第十二届优秀工程设计项目一等奖
建设部 2006 年度全国优秀工程设计银奖
2005 年度建设部部级城乡建设优秀勘察设计一等奖

北京财富中心

2001 年　北京市朝阳区
办公建筑　70 万平方米

天元港国际中心

2002 年　北京市朝阳区
办公建筑　21.4 万平方米

北京教育考试院

2002 年　北京市海淀区
办公建筑　3 万平方米

北航新主楼（工程名称：北京航空航天大学东南区教学科研楼）

2004 年　北京市海淀区
教育建筑　22.65 万平方米

北京市第十三届优秀工程设计项目二等奖
2008 年度全国优秀工程勘察设计行业奖建筑工程二等奖

北航唯实大厦

2004 年　北京市海淀区
商业服务建筑　7.34 万平方米

北京市第十五届优秀工程设计项目二等奖
2011 年度全国优秀工程勘察设计行业奖建筑工程三等奖

缅甸国际会议中心

2004 年　缅甸内比都
会展建筑　3 万平方米

北京市第十五届优秀工程设计项目二等奖
2013 年度全国优秀工程勘察设计行业奖建筑工程公建三等奖

西山红叶金街

2005 年　北京市海淀区
商业服务建筑　4.31 万平方米

唐山市地方税务局、唐山市人民检察院

2005 年　河北省唐山市
办公建筑　5.5 万平方米

北京市第十五届优秀工程设计项目三等奖

信息产业部 3G 移动通信实验楼

2005 年　北京市海淀区
科研建筑　2.65 万平方米

北京市第十五届优秀工程设计项目二等奖
2011 年度全国优秀工程勘察设计行业奖建筑工程三等奖

烟台世贸中心

2005 年　山东省烟台市
会展建筑　15.76 万平方米

北京市第十四届优秀工程设计项目三等奖

同方投资大厦竞赛方案

2005 年　北京市海淀区
办公建筑　8.48 万平方米

欧陆广场投标方案

2005 年　北京市顺义区
商业建筑　4.4 万平方米

成寿寺四方景园 G2 公建

2005 年　北京市丰台区
商业服务建筑　5.9 万平方米

中石油冀东油田总部

2006 年　河北省唐山市
办公建筑　5 万平方米

海淀区环保科技园 J-03 公建

2006 年　北京市海淀区
科研建筑　6.04 万平方米

北京市第十五届优秀工程设计项目二等奖
2011 年度全国优秀工程勘察设计行业奖建筑工程三等奖
第三届中国建筑学会优秀工业建筑设计奖二等奖

太阳宫燃气热电厂厂前区

2006 年　　北京市朝阳区
厂前区建筑　3.04 万平方米

海南信托大厦改造

2006 年　　海南省海口市
办公建筑　　11 万平方米

东城区重点街道、重点地区环境整治工程

2006 年　　北京市东城区
城市设计　　6 万平方米

海淀文化艺术中心

2006 年　　北京市海淀区
文化建筑　　5.9 万平方米

船舶系统工程部永丰基地

2007 年　　北京市海淀区
科研建筑　　6.42 万平方米

北京市第十五届优秀工程设计项目一等奖
2013 年度全国优秀工程勘察设计行业奖建筑工程公建三等奖
第三届中国建筑学会优秀工业建筑设计奖一等奖

中船重工集团 725 所

2007 年　　河南省洛阳市
科研建筑　　11.57 万平方米

第五届中国建筑学会优秀工业建筑设计奖二等奖

长沙新城三角洲规划

2007 年　　湖南省长沙市
城市设计　　500 万平方米

坦桑尼亚国际会议中心

2007 年　　坦桑尼亚达累斯萨拉姆市
会展建筑　　1.6 万平方米

世纪龙城竞赛方案

2007 年　　陕西省西安市
居住建筑　　52.3 万平方米

京能（赤峰）煤矸石电厂厂前区

2007 年　　内蒙古自治区赤峰市
厂前区建筑　1.2 万平方米

上海世博会舟桥竞赛方案

2007 年　　上海市世博园区
会展建筑　　4.32 万平方米

联邦二十一世纪奥运健康城

2007 年　　河北省石家庄市
商业服务建筑　58.3 万平方米

朝阳大飞轮

2007 年　　北京市朝阳区
商业服务建筑　1.31 万平方米

天津海鸥工业园

2008 年　　天津市南开区
科研建筑　　21.61 万平方米

北京市第十七届优秀工程设计项目三等奖
第三届中国工业建筑优秀设计奖三等奖

秘鲁利马庄胜广场

2008 年　　秘鲁利马市
办公商业综合体　70 万平方米

北京市交管局警体楼

2008 年　　北京市西城区
办公建筑　　1.12 万平方米

北京铁路局调度中心

2008 年　北京市海淀区
办公建筑　8.2 万平方米

惠州巽寮湾南区项目控规调整项目

2008 年　广东省惠州市
城市设计　8.9 万平方米

中国科学院化学研究所实验楼项目

2008 年　北京市海淀区
科研建筑　6.56 万平方米

奥林匹克公园公共厕所、综合服务中心及治安岗亭

2008 年　北京市朝阳区
建筑设计　0.15 万平方米

冀东油田唐海基地综合服务楼

2008 年　河北省唐山市
办公建筑　1 万平方米

北京市第十七届优秀工程设计项目三等奖

北京低碳能源研究所及神华创新基地

2009 年　北京市昌平区
科研建筑　32.54 万平方米

北京市第十八届优秀工程设计项目二等奖
2015 年全国优秀工程勘察设计行业奖建筑工程一等奖
中国建筑学会建筑创作奖入围项目（公共建筑类）

北京亚太大厦改造

2009 年　北京市朝阳区
办公建筑　4.7 万平方米

北京市第十六届优秀工程设计项目二等奖

国家食品及药品监督管理局业务用房

2009 年　北京市西城区
办公建筑　7.14 万平方米

中央警卫团后勤部办公楼

2009 年　北京市西城区
办公建筑　6 万平方米

首创和平里项目

2009 年　北京市朝阳区
居住建筑　6.69 万平方米

全国组织干部学院

2009 年　北京市朝阳区
教育建筑　3.67 万平方米

北京市第十六届优秀工程设计项目三等奖
北京市第十六届优秀工程设计项目绿色建筑设计创新单项奖

煤直接液化项目倒班生活区改扩建工程规划设计

2009 年　内蒙古自治区鄂尔多斯市
厂前区建筑　16.5 万平方米

宁夏水洞沟电厂一期 2×660MW 机组工程厂前区工程设计

2009 年　宁夏回族自治区银川市
厂前区建筑　1.9 万平方米

北京林业大学学研中心

2009 年　北京市海淀区
教育建筑　9.05 万平方米

北京工业大学逸夫图书馆改扩建

2009 年　北京市朝阳区
教育建筑　3.04 万平方米

北京市公安局公安交通管理局东城支队新建交通指挥中心

2009 年　北京市东城区
办公建筑　0.71 万平方米

工信部审评中心综合楼

2009 年　　北京市海淀区
办公建筑　　2.7 万平方米

山西右玉 2×330MW 煤矸石发电厂工程厂前区及生活区设计

2009 年　　山西省右玉县
厂前区建筑　　3 万平方米

北京商务中心区 CBD 核心区竞赛方案

2010 年　　北京市朝阳区
城市设计　　212.8 万平方米

中国商用飞机北京研究院

2010 年　　北京市昌平区
科研建筑　　3.37 万平方米

北京市第十八届优秀工程设计项目三等奖

中国国电集团新能源研究院

2010 年　　北京市昌平区
科研建筑　　24.31 万平方米

2017 年北京市优秀工程勘察设计奖综合奖（公共建筑）二等奖
2017 年度全国优秀工程勘察设计行业奖建筑工程设计一等奖
2015 年中国建筑学会中国建筑设计奖（工业建筑）
第五届中国建筑学会优秀工业建筑设计奖一等奖
中国施工企业管理协会国家优质工程奖优质奖
中国施工企业管理协会国家优质工程奖一等奖

北京未来科学城南区中心区城市设计

2010 年　　北京市昌平区
城市设计　　186.5 万 ~233.9 万平方米

鞍钢未来钢铁研究院

2010 年　　北京市昌平区
科研建筑　　21.37 万平方米

未来科技城北区公共服务配套区 Z15

2010 年　　北京市昌平区
商业服务建筑　　21.2 万平方米

北京商务中心区（CBD）Z8 地块单体建筑设计

2010 年　　北京市朝阳区
办公建筑　　22.5 万平方米

北京商务中心区（CBD）Z11 地块单体建筑设计

2010 年　　北京市朝阳区
办公建筑　　16.5 万平方米

北京商务中心区（CBD）Z12 地块单体建筑设计

2010 年　　北京市朝阳区
办公建筑　　24 万平方米

北京商务中心区（CBD）Z13 地块单体建筑设计

2010 年　　北京市朝阳区
办公建筑　　14.55 万平方米

中国石油大学（北京）新建综合楼方案设计

2010 年　　北京市昌平区
教育建筑　　7.2 万平方米

北航航空科学技术国家实验室项目沙河校区

2010 年　　北京市昌平区
科研建筑　　20.57 万平方米

石油化工研究院新园区概念方案设计

2010 年　　北京市昌平区
科研建筑　　9.8 万平方米

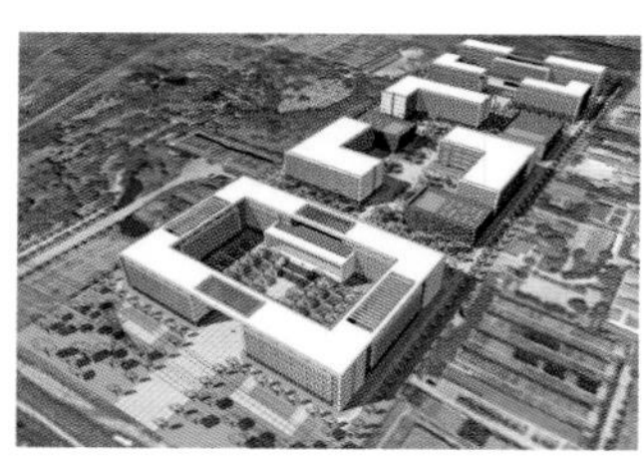

中国医学科学院北区项目概念方案设计

2010 年　　北京市海淀区
科研建筑　　15.3 万平方米

东方地球物理科技园区

2010 年　河北省涿州市
科研建筑　13.8 万平方米

国家核电科研创新基地方案设计

2010 年　北京市昌平区
科研建筑　24.6 万平方米

北航南区科技楼

2011 年　北京市海淀区
科研建筑　22.5 万平方米

2017 年北京市优秀工程勘察设计奖综合奖（公共建筑）一等奖
2017 年度全国优秀工程勘察设计行业奖建筑工程设计一等奖
中国施工企业管理协会国家优质工程奖优质奖
中国施工企业管理协会国家优质工程奖二等奖

中国资本学院竞赛方案

2011 年　广东省深圳市
教育建筑　9.69 万平方米

国家美术馆竞赛方案

2011 年　北京市朝阳区
文化建筑　12.86 万平方米

曹妃甸港口物流大厦

2011 年　河北省唐山市
办公建筑　12.02 万平方米

成都东区城市设计

2011 年　四川省成都市
城市设计　422.5 万 ~659.3 万平方米

后勤指挥学院竞赛

2011 年　北京市海淀区
办公建筑　3.9 万平方米

商飞总部竞赛方案

2011 年　上海市世博园区
办公建筑　8.6 万平方米

北京理工大学良乡校区工业生态楼

2011 年　北京市房山区
教育建筑　2.4 万平方米

成都东村文博艺术产业核心区城市设计

2011 年　四川省成都市
城市设计　299 万平方米

成都东村国际艺术城

2011 年　四川省成都市
城市设计　148.0 万 ~163.6 万平方米

山东省南水北调工程调度运行中心

2011 年　山东省济南市
办公建筑　9.48 万平方米

门头沟区石龙工业区 18 号公建

2011 年　北京市门头沟区
办公建筑　6.1 万平方米

新奥大厦设计方案征集

2011 年　北京市朝阳区
办公建筑　4.85 万平方米

北京理工大学中关村国防科技园

2012 年　北京市海淀区
科研建筑　23.8 万平方米

北京市第十八届优秀工程设计项目建筑信息模型（BIM）设计优秀奖
2019 年北京市优秀工程勘察设计奖综合奖（公共建筑）二等奖
2014 年“创新杯”建筑信息模型（BIM）设计大赛最佳 BIM 工程协同奖三等奖
2019 年度行业优秀勘察设计奖优秀（公共）建筑设计二等奖
中国建筑学会 2019−2020 建筑设计奖公共建筑三等奖

北京国际文化贸易企业集散中心

2012 年　北京市顺义区
办公建筑　19 万平方米

2017 年北京市优秀工程勘察设计奖综合奖（公共建筑）三等奖

中海油能源技术开发研究院

2012 年　北京市昌平区
科研建筑　20.8 万平方米

2017 年北京市优秀工程勘察设计奖综合奖（公共建筑）二等奖
2017 年北京市优秀工程勘察设计奖专项奖（绿色建筑）二等奖
2017 年度全国优秀工程勘察设计行业奖建筑工程设计三等奖
2017 年度全国优秀工程勘察设计行业奖优秀绿色建筑工程设计二等奖
2017 年第六届中国建筑学会优秀工业建筑设计奖二等奖
2017 年 LEED 三星级
2018 年国际实验室奖
中国建筑学会 2019-2020 建筑设计奖公共建筑三等奖
中国建筑学会 2019-2020 建筑设计奖绿色生态技术三等奖
2016-2017 年度中国建设工程鲁班奖

珠海神华南方总部大厦

2012 年　广东省珠海市
办公建筑　31.4 万平方米

中国船舶重工集团公司第七二五研究所厦门材料研究院

2012 年　福建省厦门市
科研建筑　10.5 万平方米

神华集团黄骅港企业联合办公楼项目

2012 年　河北省沧州市
办公建筑　5.5 万平方米

2021 年北京市优秀工程勘察设计奖综合奖（公共建筑）二等奖

中材研发基地

2012 年　北京市朝阳区
办公建筑　23 万平方米

北京现代艺术馆

2012 年　北京市西城区
文化建筑　5.9 万平方米

北京电影学院通州校区总体规划设计

2012 年　北京市通州区
校园规划　33.95 万平方米

车公庄大街 3 号地块控规调整概念方案设计

2012 年　北京市海淀区
办公建筑　6 万平方米

华能厂区内主体建筑群规划设计

2012 年　北京市朝阳区
办公建筑　9 万平方米

海淀区复兴路 12 号科研办公用房

2013 年　北京市海淀区
办公建筑　6.86 万平方米

北京化工大学昌平新校区总体规划及一期建筑设计方案

2013 年　北京市昌平区
教育建筑　109.16 万平方米

中国人民大学东南区综合楼和留学生宿舍

2013 年　北京市海淀区
教育建筑　10.2 万平方米

中关村航空科技园二期

2013 年　北京市海淀区
科研建筑　60.62 万平方米

珠海横琴粤港澳金融中心

2013 年　广东省珠海市
办公建筑　11.1 万平方米

北京中学东坝校区

2013 年　北京市朝阳区
教育建筑　16.1 万平方米

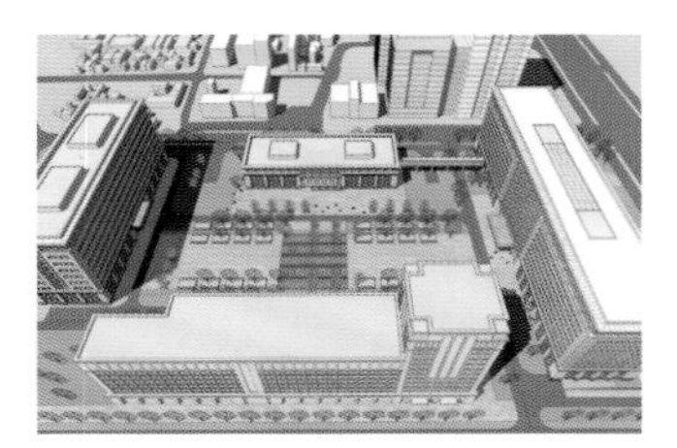

北京邮政枢纽项目

2013 年　北京市东城区
办公建筑　8.2 万平方米

教育信息化大厦

2013 年　北京市西城区
办公建筑　11.6 万平方米

京能涿州电厂厂前区

2013 年　河北省涿州市
厂前区建筑　2.7 万平方米

信息通信技术（ICT）科技创新大厦

2013 年　北京市海淀区
办公建筑　2.93 万平方米

中国中材天津科技园、中国中材天津馨家园

2013 年　天津市北辰区
办公、住宅建筑　15 万平方米

人民出版社办公业务用房

2014 年　北京市东城区
办公建筑　6 万平方米

国际文化产品展览展示及仓储物流中心

2014 年　北京市顺义区
仓储建筑　20 万平方米

黄石北斗科技城规划

2014 年　湖北省黄石市
城市设计　307.9 万平方米

中国船舶工业系统工程研究院翠微科研办公区改造项目

2015 年　北京市海淀区
办公建筑　1.3 万平方米

2021 年北京市优秀工程勘察设计奖综合奖（公共建筑）三等奖

北京未来科学城 A21 项目

2015 年　北京市昌平区
商业服务建筑　15.25 万平方米

国家会议中心二期竞赛方案

2015 年　北京市朝阳区
会展建筑　37.1 万平方米

鸿雁苑宾馆

2015 年　北京市怀柔区
商业服务建筑　1.7 万平方米

中国水电达拉多纳综合基地

2015 年　安哥拉罗安达市
办公建筑　19.9 万平方米

中国邮政储蓄银行北京分行营运用房装修改造工程

2015 年　北京市丰台区
办公建筑　6.7 万平方米

铁科院办公区科研业务用房

2015 年　北京市海淀区
办公建筑　7.1 万平方米

2021 年北京市优秀工程勘察设计奖综合奖（公共建筑）二等奖

中水电紫金丽亭酒店改造项目

2015 年　　北京市海淀区
酒店建筑　　4 万平方米

大兴机场临空经济区控规

2015 年　　北京市大兴区
城市设计　　50 平方千米

2018 年度全国优秀工程咨询成果奖一等奖

北戴河生态软件园

2015 年　　河北省秦皇岛市
科研建筑　　310.3 万平方米

通州区永顺镇 0504-014 地块概念方案

2015 年　　北京市通州区
办公建筑　　62.7 万平方米

中科恒源仪器仪表产业基地

2016 年　　北京市密云区
工业建筑　　22.5 万平方米

机场安置房项目（近期）独立占地配套教育设施

2016 年　　北京市大兴区
教育建筑　　2.8 万平方米

北京航空航天大学北区宿舍、食堂

2016 年　　北京市海淀区
教育建筑　　11.6 万平方米

2021 年北京市优秀工程勘察设计奖综合奖（公共建筑）二等奖

中国邮政储蓄银行天津宝坻后台服务基地

2016 年　　天津市宝坻区
办公建筑　　31.4 万平方米

中国船舶海洋探测技术产业园研发中心

2016 年　　江苏省无锡市
科研建筑　　7.6 万平方米

798 艺术区博物馆竞赛方案

2016 年　　北京市朝阳区
文化建筑　　9 万平方米

北京化工大学高精尖创新中心

2016 年　　北京市海淀区
科研建筑　　4.3 万平方米

民航运行管理中心和气象中心工程及中国民用航空情报管理中心工程

2016 年　　北京市朝阳区
办公建筑　　7.5 万平方米

北京大学医学部图书馆改扩建

2017 年　　北京市海淀区
教育建筑　　1.3 万平方米

中国船舶工业系统工程研究院大兴研发基地

2017 年　　北京市大兴区
科研建筑　　23.9 万平方米

中国电子信息安全技术研究院项目（二期）

2017 年　　北京市昌平区
科研建筑　　5.9 万平方米

北京航空航天大学学院路校区北区实验楼、五号教学实验楼

2017 年　　北京市海淀区
教育建筑　　4.6 万平方米

2021 年北京市优秀工程勘察设计奖综合奖（公共建筑）二等奖

北京林业大学综合楼

2017 年 北京市海淀区
教育建筑 1.6 万平方米

中国船舶工业综合技术经济研究院院区改造

2018 年 北京市海淀区
办公建筑 1.5 万平方米

中国生态环境部新址

2018 年 北京市东城区
办公建筑 3.8 万平方米

北京航空航天大学沙河校区学生宿舍、食堂

2018 年 北京市昌平区
教育建筑 14.8 万平方米

中国驻英国使馆新址

2018 年 英国伦敦市
办公建筑 7 万平方米

北京城市副中心行政办公区二期

2018 年 北京市通州区
办公建筑 62.6 万平方米

北京理工大学文博馆

2018 年 北京市房山区
观演建筑 4.4 万平方米

京赣文化交流中心

2018 年 北京市丰台区
办公建筑 5.6 万平方米

蓝天云链大厦

2018 年 北京市顺义区
办公建筑 10.5 万平方米

中国邮政福州科创中心竞赛

2018 年 福建省福州市
办公建筑 6.1 万平方米

北京化工大学昌平校区专家公寓和文法学院理学院组团

2018 年 北京市昌平区
教育建筑 1.5 万平方米

有研大厦

2018 年 北京市西城区
办公建筑 10.7 万平方米

大兴宾馆二期工程

2018 年 北京市大兴区
酒店建筑 7.3 万平方米

国家科技传播中心立面方案

2018 年 北京市朝阳区
文化建筑

北京航空航天大学沙河校区图书馆

2019 年 北京市昌平区
教育建筑 4.8 万平方米

北京航空航天大学三号教学楼改造项目

2019 年 北京市海淀区
教育建筑 0.9 万平方米

山东农业工程学院淄博校区规划

2019 年　山东省淄博市
校园规划　46.6 万平方米

中国核工业大学规划竞赛方案

2019 年　天津市滨海新区
校园规划　23.8 万平方米

中法航空大学校园规划（与 GMP 合作项目）

2019 年　浙江省杭州市
校园规划　153.9 万平方米

铁科院文化宫

2020 年　北京市海淀区
文化建筑　3 万平方米

北京城市副中心行政办公区六合村项目

2020 年　北京市通州区
办公建筑　16 万平方米

北京航空航天大学沙河校区科研二组团

2020 年　北京市昌平区
科研建筑　12.8 万平方米

中国信息通信研究院保定基地

2020 年　河北省保定市
科研建筑　8.7 万平方米

206 项目

2020 年　北京市朝阳区
办公建筑　2.7 万平方米

长安街两门段城市设计及节点

2020 年　北京市西城区
城市设计

中冶京诚第二办公区

2021 年　北京市经济技术开发区
办公建筑　16.9 万平方米

中国人民大学通州校区中心食堂、宿舍

2021 年　北京市通州区
教育建筑　1.9 万平方米

退役军人事务部

2021 年　北京市西城区
办公建筑　1.9 万平方米

北京市建筑设计研究院有限公司（BIAD）数字阅览室竞赛方案

2021 年　北京市西城区
办公建筑　200 平方米

北京大学医学部怀密医学中心规划

2022 年　北京市密云区
校园规划　102 万平方米

北京理工大学良乡校区工科实验楼

2022 年　北京市房山区
科研建筑　6.4 万平方米

星网集团总部竞赛方案

2022 年　河北省雄安新区
办公建筑　5.6 万平方米

宁波甬江实验室项目竞赛方案

2022 年　浙江省宁波市
科研建筑　23.1 万平方米

中国地质大学（北京）雄安校区竞赛方案

2022 年　河北省雄安新区
校园规划　134 万平方米

北京市建筑设计研究院有限公司院史陈列馆竞赛方案

2022 年　北京市西城区
文化建筑　1022 平方米

中国人民大学通州校区东区宿舍项目竞赛方案

2022 年　北京市通州区
教育建筑　22.9 万平方米

后记

叶依谦

回溯走出天津大学的 1996 年，我感慨在北京市建筑设计研究院有限公司这所“新大学”中真正的成长：从一名普通的建筑师，成长为让院领导及同事信任的院执行总建筑师，倍感担子沉重。尽管多年来不少前辈、同人希望我能出版一本个人的设计作品集，我总是推脱，说力不从心，但实则从内心感到设计“往事”都写在作品中，应该让业界与社会去评述。

有感于徐全胜董事长及张宇总经理的支持、信任及鼓励，更源于我的责任与自觉，我终于鼓起勇气于 2021 年至今，历时 2 年多，在工作室各位同事的帮助下，开始了《设计实录》的编撰。在项目的梳理及盘点中，我深感不成熟的设计生涯竟然也经历了一段段难忘之程；我深感时代与历史给了我那么多学习与实践的良机；我深感自己从北京建院一路走来的脚步，是因各位前辈的支持而扎实、坚定，同时自己也找到了自身为社会、为企业贡献力量的位置和方向。

我感恩徐全胜董事长热情洋溢、寄予厚望的序；感恩马国馨院士这位北京建院前辈总建筑师从分析我到院后设计成长经历所作的序，其中细腻之处让我感动；全国中青年建筑师的楷模崔愷院士、庄惟敏院士为我拨冗作序，他们通过对我的作品的剖析，给我鼓励，给我鞭策，使我感怀。

我更感谢多年来与我共同走过的工作室同人,《设计实录》中的所有项目都是团队合作的成果，当然也要感谢北京建院各个合作部门及院外的建设单位、设计团队的合作伙伴，是他们对我的信任乃至团队的协作之力，才有了我们项目的一次次成功。

我感谢建筑摄影师杨超英先生，无疑他的每一次建筑摄影都是对我作品的新审视、再创作。最后也要感谢时任《建筑创作》杂志主编，现为《中国建筑文化遗产》《建筑评论》编辑部总编辑的金磊先生，他率团队 20 年如一日，关注、支持我们的重要作品的传播，《设计实录》一书，从共同策划到亲撰品评文章乃至编辑部全体投入，融入了《中国建筑文化遗产》《建筑评论》编辑部的“慧智”。我们的共同理念是：要向业界及社会呈现一部扎实且有理念的作品“实”录，它不仅是“实”物作品之作，更是一位建筑师倾注全情、奉献社会与建筑事业的“实”力之作。

再次感谢所有帮衬、支持过我的前辈、朋友及家人。

北京市建筑设计研究院有限公司 执行总建筑师

2023 年 3 月

图书在版编目（CIP）数据

设计实录 / 北京市建筑设计研究院有限公司，叶依谦著. -- 天津：天津大学出版社，2023.3

ISBN 978-7-5618-7432-5

Ⅰ. ①设… Ⅱ. ①北… ②叶… Ⅲ. ①建筑设计- 作品集- 中国- 现代 Ⅳ. ① TU206

中国国家版本馆 CIP 数据核字 (2023) 第 054437 号

总 策 划：金　磊
图书编制：《中国建筑文化遗产》《建筑评论》编辑部
组稿团队：韩振平工作室
策划编辑：韩振平　朱玉红
责任编辑：朱玉红
装帧设计：朱有恒

SHEJI SHILU

出版发行　天津大学出版社
地　　址　天津市卫津路 92 号天津大学内（邮编：300072）
电　　话　发行部：022-27403647
网　　址　www.tjupress.com.cn
印　　刷　北京华联印刷有限公司
经　　销　全国各地新华书店
开　　本　889mm × 1194mm 1/16
印　　张　32.75
字　　数　322 千
版　　次　2023 年 4 月第 1 版
印　　次　2023 年 4 月第 1 次
定　　价　346.00 元